目錄 Content 黑鷹直升機

Sikorsky Black Hawk Helicopter Family From birth to Present

CHAPTER 1

Development Background of Blackhawk Helicopter

第一章 黑鷹直升機的起源

在越南戰火正炙的1965年，美國國防部於1965年10月批准陸軍執行一項直升機定性物資發展目標(Qualitative Material Development Objective)研究案，主要目的是研究替代UH-1的新型運輸直升機規格。美國陸軍戰鬥發展司令部(Combat Developments Command)在1960年代末確認了新型直升機初步規格，陸軍將新直升機命名為「通用戰術運輸飛機系統」(Utility Tactical Transport Aircraft System)。

■ 韓戰中登場的塞科斯基S-55，是美軍第一款大量使用的通用運輸直升機，除陸軍的H-19B/C外，還包含空軍H-19A、海軍H04S-1/2/3、陸戰隊HRS-1/2、海岸防衛隊H04S-2G。軍用型H-19以1具550馬力的普惠R-1430-57星型活塞發動機為動力，可運載10名士兵或6副擔架，雖然性能有限，但在韓戰中的活躍，為日後直升機作戰開創一個新紀元。

若從1950年服役的最早一代H-19契卡索人（Chickasaw）起算，1979年進入部隊服役的UH-60黑鷹（Black Hawk），可算作美國陸軍的第4代與第5款通用直升機。這4代通用直升機除了為美國陸軍空中機動戰術運用提供了必要基礎外，橫跨30年的發展過程，也是這段時期直升機技術進展的縮影。

美國陸軍早期通用直升機發展—從活塞動力到渦輪軸動力

韓戰中，美國陸軍嘗試性的將活塞動力的H-19C/D投入實戰使用，給地面部隊的戰場機動性帶來戲劇性的改變。

1949年11月首飛的H-19，是美軍第一款大量使用的通用運輸直升機，由塞科斯基（Sikorsky）公司研製，內部編號為S-55。與塞科斯基的前幾款產品如R-4（VS-316）、R-5（S-51）相較，R-4、R-5等這些早期機型不僅動力有限，而且都採用動力系統後置於機艙後方的設計，扣除發動機、傳動系統與油箱佔用的空間後，可用的機艙空間所剩無幾。在動力不足與容積有限的雙重限制下，用途侷限在觀測、連絡，以及簡單的搜救與傷員後送方面，難以用來運輸兵員或裝備（註1）。

註1：R-4與R-5都是雙座的輕型機，R-5雖曾衍生出可容納4人座的H-5G、H-5H與民用版S-51，但因起飛重量小，仍難以承擔人員與貨物的運輸任務。

為突破早期機型的限制，塞科斯基在S-55上引進了幾項新設計，首先是採用普萊特・惠特尼（Pratt & Whitney, P&W，本書簡稱為普惠）R-1430-57星型活塞發動機作為動力來源，功率輸出比上一代S-51採用的普惠R-985增加20～30%，搭配直徑放大10%的新主旋翼，讓S-55擁有較S-51高出50%以上的最大起飛重量。加上改以比鋁合金輕1/3的鎂合金來製造蒙皮與部分結構部件，也有效減輕S-55的結構重量，並提高有效籌載。

不過S-55更重要的設計變革，是採用發動機前置於機頭的獨特設計，故能充分運用整個後機身空間，有效擴大了貨艙容積，因而成為第一款真正實用的運輸直升機，可運載10名士兵或6副擔架，不僅同時獲得美國四個軍種與30多個外國用戶採用，超過1000架的總產量，也比塞科斯基此前幾款直升機的產量總合還要多。

H-19/S-55在韓戰中的活躍，大幅改變陸軍地面作戰的風貌。藉由直升機，地

■ S-55/H-19採用獨特的發動機前置設計，發動機艙位於機頭，因而能更充分運用後方機身空間，有效增大貨艙容積，搭配更強勁的動力系統，使其成為第一種真正實用的運輸直升機。 US Army

面部隊的移動能力與重新補給能力，第一次從地形的束縛中掙脫，不再有過去依靠車輛機動常遭遇的因地形惡劣導致運輸緩慢、甚至無法通行等問題。除用於運輸與補給，直升機也大幅提高傷患後送的速度，有效保全傷員生命。這樣的表現，讓直升機代替過去卡車作為「卡車」的角色，也代替了馬匹作為「馬匹」的角色。

直升機在韓戰中的成功運用經驗，也催生了現代的空中機動（Air Mobility）戰術概念。1962年出任美國陸軍戰術機動需求委員會（Tactical Mobility Requirements Board）主席的第18空降軍司令漢米爾頓．豪茲（Hamilton H. Howze）中將，在1962年8月20日提交給國防部的報告中，描繪了這樣的願景：

「空中機動戰術是全新的變革，此後的戰爭史中，將再也不會有任何一場主要戰鬥…沒有垂直起降飛機在其中扮演突出且具決定性的角色…陸軍飛行員們將永遠的改變地球表面上的戰爭藝術與科學。」

自韓戰以後，幾乎每一次美國陸軍的軍事行動，對地面戰鬥的裝備與戰術運用，都驗證了豪茲中將的預測。在越南戰役中，直升機更成為地面部隊最主要的機動工具，以致越戰因此得到「第一次直升機戰爭」的名號。

越戰初期，駐越美國陸軍航空隊的運輸直升機骨幹是H-21C蕭尼族（Shawnee），這款採用縱列雙旋翼構型的直升機，是由派塞斯基（Piasecki）公司研製，陸軍版的H-21C以1具1425匹馬力的Wright R-1820-103星型活塞發動機作為動力，1954年9月開始交付部隊服役，可運載22名士兵或12副擔架。到1962年初，美國陸軍共在越南部署了5個H-21C運輸連。

■ H-21系列直升機綽號「飛行香蕉」，其中H-21A/B為空軍搜救型，法國、加拿大與西德也有採用，H-21C則是美國陸軍1950年代中期到60年代初的運輸直升機骨幹，可搭載22名部隊或12副擔架，美國陸軍共採購了334架。 US Army

美國陸軍當時還有另一款主力運輸直升機，即塞科斯基H-34A喬克陶族（Choctaw）。H-34系列在塞科斯基內部的編號為S-58，最早是為了競標美國海軍反潛直升機計畫而開發，於1952年6月擊敗貝爾公司採用縱列雙旋翼構型的貝爾61方案後，成為美國海軍第一代反潛直升機HSS-1海蝙蝠（Seabat）。稍後美國陸軍也採購了編號H-34A的S-58陸基版，從1955年3月開始接收，以1具1525匹馬力的萊特（Wright）R-1820-84星型活塞發動機作為動力，可運載16名士兵或8副擔架。

H-34A與H-21C兩款機型的服役時間大致同時，在美國陸軍中的操作數量相差不多（註2），包括巡航速度、升限、航程等在內的性能表現也十分相近，H-21C貨艙容積較大，但H-34A動力系統更強勁，機體也較輕巧（空重與最大起飛重量分別輕了

■ 塞科斯基H-34A(S-58)喬克陶族是美國陸軍在1960年代初期的另一款主力直升機，其主要是將該公司的S-55/H-19加以放大改良，沿襲發動機前置與高置駕駛艙的設計特徵。 US Army

15%與9.9%），而且貨艙右側還設有大型滑動式艙門，比起H-21兩側的小型艙門更有利於人員、貨物的迅速進出。

註2：塞科斯基共為美國陸軍建造了359架H-34A，其中21架後來移交給海軍；派塞斯基則為美國陸軍建造了334架H-34C，另外法國陸軍與海軍也分別訂購了98架與10架，加拿大亦訂購了6架。

儘管兩種直升機各有所長，帳面上看來，機體較輕巧、動力系統更強勁的H-34似乎更適合空中機動戰術使用，不過在稍早的阿爾及利亞戰爭中，同樣裝備有這兩種直升機的法國陸軍卻發現，H-34面對敵火的生存性明顯低於H-21。

H-34沿用了許多塞科斯基曾在上一代H-19驗證為成功的設計，但H-19主要承擔的是敵火威脅較小的第二線勤務，當面臨需直接面對敵火的「突擊」任務時，這種設計構型便暴露出許多缺陷。

如H-34沿用了H-19發動機前置於機頭的佈置，這種構型為了確保駕駛員視界，駕駛艙被安置在發動機艙上方，但也造成機身高度較高，增加在著陸區遭受敵火攻擊受損的機率。又如H-34也沿用了鋁、鎂合金混用的結構設計，蒙皮與部分結構均由鎂合金製成，然而隨著鎂原料價格上漲，鎂合金相對於鋁合金的優勢逐漸消失，反而突出了融點較低、較易腐蝕與燃燒等缺陷，連帶造成外界對H-34生存性的疑慮。

■ 基於法軍在阿爾及利亞戰爭的作戰經驗，美國陸軍認為H-34A在戰場上的脆弱性較高，因此決定在越南部署H-21C(上)，而非較輕巧、動力也更強勁的H-34A。最後只有海軍陸戰隊在越南部署了少量同屬S-58家族的HUS-1A(下)。 US Army/USMC

從另一方面來看，H-21不僅貨艙較大，駕駛艙與貨艙直通的機體結構在運用上也更為方便；而H-34由於發動機安置於機頭，因此從發動機伸出連接到旋翼系統的傳動軸，便橫亙在駕駛艙與後部貨艙之間，以致妨礙了兩區域間人員的聯繫與協同。

基於法軍的經驗，美國陸軍最後決定向越南派遣較笨重的H-21，而非H-34。但在陸軍之外，海軍陸戰隊仍在越南部署了同屬S-58系列的HUS-1A海馬（Seahorse）通用直升機，因此在越南戰場上仍然可以看到S-58家族直升機的身影。

渦輪軸動力時代來臨

H-21在越南的初期表現尚稱不錯，搭載南越地面部隊成功執行數次掃蕩任務，但也暴露了許多不足之處。一開始美軍在以H-21直升機進行機動作戰時，雖沒有碰到越共激烈反擊，但在進入降落區時卻經常會受到輕武器射擊，因此部分H-21便在艙門安裝1挺.30或是.50口徑機槍，以在降落時對著陸區進行壓制射擊。

但美軍很快就碰到與法軍在阿爾及利亞遇到的相同問題：H-21受機身構型所限，艙門機槍射界狹窄、加上機槍彈藥威力有限，以致對地壓制效果很差。儘管如此，H-21的動力不足，也無法在不大幅影響性能的情況下，為其安裝更具威力、但也更重的武器。

由於活塞發動機的先天限制，H-21的動力不足問題，並無法藉由更換更大功率的發動機來解決。活塞發動機的功率重量比大約只在1.8～2.0（hp/kg）左右，越大功率的活塞發動機，自身重量也越大，佔機體結構重量比例高達15～20%。

以美軍這時候的兩款主力運輸直升機H-21與H-34為例，兩種機型採用的R-1820發動機，就分別佔去兩者機體重量的15%與17%。因此若只是更換功率更大的活塞發動機，則新發動機所提供的額外功率，將有相當的一部份被發動機自身更大的重量給抵銷，難以大幅提升直升機性能。

1940年代開始發展的燃氣渦輪（gas turbine）技術，為這困境提供一個新的解決方式，1940年代末期，先是從渦輪噴射（turbojet）發動機衍生了渦輪螺旋槳式（turboprop）發動機，1950年代初又衍生出用於直升機的渦輪軸（turboshaft）發動機。

渦輪軸發動機藉由燃氣膨脹來推動渦輪，能使渦輪帶動的渦輪軸輕易達到10000～40000rpm轉速，經減速後即可得到用於驅動主旋翼的巨大扭力，因此可擁有遠高於活塞發動機的功率重量比。渦輪軸發動機重量一般只有同功率活塞發動機的1/3或更低，功率重量比輕易就可達到7～9（shp/kg），即使是最早期的渦輪軸發動機也有4～5（shp/kg）的水準，功率成長的潛力遠大於活塞發動機。

此外渦輪軸發動機由於沒有往復部件，震動與噪音都較小，還有啟動迅速、控制簡易、可靠性高與維護相對簡易等優點，能使用的燃料類型也寬廣許多。不過相對也有較耗油，且傳動系統需要的減速比較活塞發動機高出數倍，故齒輪箱等傳動機構的複雜性與重量均較高等缺點。

渦輪軸動力直升機早期發展

最早用於直升機飛行的燃氣渦輪發動機，是法國Turbomeca公司的Artouste，Artouste自1947年開始發展，原是做為一種應用在大型飛機上、搭配主動力系統的輔助動力單元（APU），後來轉為直升機推進用途，被用在Sud-Ouest公司採用旋翼末梢（tip）噴射排氣推進機制的S.O 1120羚羊III（Ariel III）直升機上，從1951年4月起進行試飛，不過這種推進機制並沒有實用化，很快就被渦輪軸—減速齒輪驅動推進取代。

■ 活塞發動機功率重量比較低，換裝更大功率活塞發動機所得到的額外功率，往往給發動機自身更大的重量抵銷大半，難以有效改善直升機性能。照片為美國陸軍早期兩大主力通用直升機H-21與H-34採用的Wright R1820旋風-9(Cyclone-9)發動機，為9汽缸星型活塞結構，重量接近600kg。

最早的渦輪軸—減速齒輪驅動推進直升機是卡曼（Kaman）在1951年改裝的1架K-225，以1具波音Model 502-2小型燃氣渦輪機（軍用編號YT50），替換原來使用的Lycoming O-435-A2活塞發動機，在1951年12月進行首飛。不過波音502-2發動機功率太小（僅175匹馬力），難以用到其他較大的機型上，於是接下來在美國又陸續出現一系列以法國Artouste發動機為動力，性能更實用化的機型。

在美國陸軍航空隊支援下，塞科斯基從1950年就開始研究渦輪軸動力直升機，試圖將S-52-2（軍方編號YH-18A）改裝為渦輪軸動力的S-52-4實驗機，但因動力來源問題而未成功，以致第一種渦輪軸動力直升機的榮譽為卡曼（Kamen）K-225搶先。不過塞科斯基認為卡曼K-225採用的波音502-2發動機並不合用，把目標轉到法國Turbomeca公司的Artouste上。

塞科斯基在1952年向美國陸軍提案改裝1架S-52-5實驗機（軍用編號YH-18B），以功率提升到400匹軸馬力（shp）的Artouste-II發動機（實際使用時功率降到320匹軸馬力），替換原來的Franklin O-425-1活塞發動機，於1953年7月24日成功進行了首飛。由於S-52-5試飛成果不錯，於是陸軍在1953年底與塞科斯基簽約，將2架既有的YH-18A機體改造為尺寸更大的渦輪軸動力實驗機，動力來源也改為美國大陸公司（Continental）授權生產的Artouste-II。

大陸公司（Continental）在1951年向Turbomeca取得Artouste-I（280匹軸馬力）與Artouste-II（425匹軸馬力）的製造授權，美軍編號分別為XT51-T-1與XT51-T-3，先後被用在一系列渦輪軸動力直升機與渦輪旋槳飛機試驗計畫上。

塞科斯基稱改裝XT51-T-3發動機後的S-52-2機體為S-59，軍方編號XH-39，於1954年6月1日進行首飛，稍後在同年8月26日與10月17日分別創下當時的直升機航速與升限紀錄。幾個月後，貝爾直升機公司（Bell Helicopter）也在一項陸軍／空軍聯合研究計畫下，將1架貝爾47G安裝XT51-T-3發動機成為貝爾201實驗機（美軍賦予XH-13F編號），於1954年10月2日完成了首飛。

雖然XT51/Artouste的表現不錯，但功率還是太小，為便於日後發展更實用的渦輪軸動力直升機起見，美國空軍在1952年提出開發500～700軸馬力級渦輪軸發動機的構想，不久後陸軍也加入計畫，並由Lycoming獲得合約，在前德國容克斯（Junkers）發動機主任工程師Anselm Franz（奧地利藉）領導下，以Jumo 004渦輪噴射發動機為基礎發展出T53渦輪軸發動機，成為美國第一款專為直升機應用而研製的渦輪軸發動機（註3）。雖然T53的研發是由美國空軍發起，但率先將這款發動機付諸實用的卻是美國陸軍。

註3：之前被用在卡曼K-225上的波音Model 502發動機，是從波音的Model 500燃氣渦輪發電機衍生而來，從1950年起被試驗性的用在卡車與船隻上，稍後才安裝到K-225上進行測試，並非一開始就為了直升機動力而研發。

■ 萊康明T53是美國第一款渦輪軸發動機，1956年開始飛行測試，1958年通過軍用認證，還衍生出用於固定翼機的渦輪旋槳版本。照片為T53系列第一種量產型T53-L-1，最大功率860軸馬力，但安裝在UH-1A上時將操作功率降低到770軸馬力。 NASM

鑒於渦輪軸發動機的潛力，美國陸軍早從1952年便開始研擬引進渦輪軸動力直升機，稍後在1953年11月向航太界徵求一種渦輪軸動力、巡航速度100節、行動半徑200海浬、可載重800磅，並能藉由運輸機長程部署的空中救護用直升機。經過14個月的評選後，貝爾的Model 204方案從20家廠商的提案中脫穎而出，於1955年2月為陸軍選中，同年6月簽訂製造3架原型機的合約，編號為XH-40。

XH-40採用1具700軸馬力的萊康明XT53-L-1渦輪軸發動機，於1956年10月20

■ 貝爾XH-40是美國首種投入量產的渦輪軸動力直升機，搭載1具700馬力的萊康明XT53-L-1渦輪軸發動機，是日後UH-1休伊直升機家族的始祖。 US Army

日首飛成功，陸軍稍候增訂6架機艙延長12吋的改良型YH-40原型機，後來又訂購9架編號為HU-1A的預量產型，於1958年9月開始試飛。

首架量產型HU-1A則在1959年6月30日交付給美國陸軍，改用1具770匹軸馬力的T53-L1A發動機（極限輸出達860匹軸馬力），機艙可運載6名士兵，為美國第一款量產服役的渦輪動力直升機，官方命名為易洛魁人（Iroquois），但士兵們更喜歡將這種直升機稱做休伊（Huey）。

休伊的時代

越南戰場上最早出現的休伊直升機，是1962年4月跟著第57醫療分遣隊（Medical Detachment）一起派遣到越南的5架救護型HU-1A。稍後又有一批15架隸屬通用戰術運輸直升機連（Utility Tactical Transport Helicopter Companies, UTTHCO）的武裝型UH-1A在1962年9月抵達越南（註4）。

註4：美軍於1963年啟用三軍統一編號後，H-21與H-34分別改稱CH-21與CH-34，HU-1A則改稱UH-1A。

休伊原本是作為救護用途而設計，機艙容量有限，在越南一開始是扮演武裝護航與醫療後送角色，主要的運輸任務仍由CH-21承擔。但CH-21實戰中暴露了許多缺陷，除了動力不足的老問題外，由於CH-21原是為單純的人員運輸任務設計，只在機身兩側各開1個小艙門，在降落區內需花費更多的時間投放與接收士兵，以致大幅增加整個機隊暴露在敵火下的危險，對需在敵火下執行作業的「突擊」任務來說並不合適。

因此美軍自1963年2月起以UH-1B逐步替代駐越的CH-21B/C，到1964年底在越南的CH-21就完全被UH-1B取代，1969年後CH-21便完全退出現役。UH-1B是休伊家族第一種真正的大量生產型，產量達到1014架（早先的UH-1A只建造182架）。

■ 貝爾205系列的UH-1D/H擁有拉長的乘員艙，也帶來更大的運用彈性，逐漸替代早期的UH-1B支撐起越南戰場的空中機動骨幹。照片為正降落在著陸區準備收容步兵的UH-1D機隊。 US Army

UH-1B擁有功率較UH-1A提高24.6～42.8%的新發動機（註5），主旋翼桅（轉軸）也提高13吋，藉此可增加重心的臨界範圍，允許讓貨艙負載提高50%，此外還將旋翼葉片弦長從14吋增加到21吋，翼樑則改用鋁質蜂巢結構。藉由這些改進，讓UH-1B最大起飛重量增加了18%之多，貝爾自1961年3月開始交付UH-1B量產機，1962年底便完全替換UH-1A。

註5：UH-1B一開始採用960匹軸馬力的T53-L-5發動機，後期型改用1100匹軸馬力的T53-L-9或L-11。

引進UH-1B的同時，美國陸軍也把原先配備CH-21的空中運輸連，改編為1種專為越南戰場設計的空中機動輕航空連（Aviation Company（Air Mobile Light）），每個連包括1個配有武裝型UH-1B的武裝直升機排，以及2個不帶武裝的UH-1B運輸直升機排，每個排均配有8架直升機，加上直署連部的1架預備機，全連共編有25架UH-1B。

美國陸軍稱這些由運輸直升機加裝武器而成的武裝直升機為「砲艇」（Gunship），除為運輸直升機提供掩護外，也能為地面部隊提供火力支援。而沒有外載武裝的運輸直升機則被暱稱為Slick，但在左右艙門也各安裝有1挺機槍提供基本壓制火力。

■ 越戰印象——陽光、休伊與美國大兵。休伊直升機在越南的活躍，使其成為越戰的代表性印象之一。 US Army

渦輪軸動力的UH-1B除了動力更為充足，機身兩側也都開有大型的滑動艙門（原是為了便於擔架進出而設計），可允許人員、貨物快速進出，裝卸作業效率較CH-21大幅提昇，有助於減少機隊暴露在降落區的時間。

接下來隨著越南戰事的升級，美國陸軍派遣到越南的直升機數量也日漸增加。在海空軍於1965年3月2日展開代稱為「滾雷作戰」（Operation Rolling Thunder）的持續性轟炸行動後，陸軍地面部隊也開始直接介入作戰。

駐越的173空降旅在1965年6～7月間實施了兩次直升機突擊作戰，在此之前美軍都只提供直升機作為載具，機上搭載的都是南越部隊，而此後不論是直升機或是搭載部隊都改以美軍為主。接下來擁有435架直升機編制的第1騎兵師（空中機動），也在同年9月部署到越南。

第1騎兵師（空中機動）的到來，除了大幅提高駐越美軍的空中突擊能力，也使美國陸軍部署在越南的直升機數量急遽增加了3倍。在1964年9月時，美國陸軍僅在越南部署了259架直升機（250架UH-1與9架CH-37），1年後就增加到近800架。除了直升機部署數量不斷增加，新型號的休伊也陸續投入戰場。

為改善UH-1B擔任砲艇角色時面臨的航速與航程不足問題，貝爾在1963年底推出採用540型蹺蹺板式旋翼（teetering rotor）的UH-1C砲艇專用機，動力系統雖與後期型UH-1B相同，但藉由新旋翼可有更好的航速與機動性，燃油攜行量亦大幅提高（標準狀態燃油攜載量增加46.5%，超載狀態增加79.2%），還安裝了飛行員裝甲座椅，自1965年9月開始交付使用。

而為擴展休伊直升機的運用彈性，美國陸軍在1960年與貝爾簽定發展機身加長型的合約，編號UH-1D，貝爾內部稱為205型。UH-1D動力系統與UH-1B/C相同，但拉長的乘員艙增加了57.3%可用容積，運載能力提高到12名士兵或6副擔架（外觀識別點為貝爾205系列的側機門有兩個窗戶，早期的貝爾204側機門則只有一個窗戶）。

美國陸軍從1963年8月開始接收UH-1D，先以此換裝本土早先使用CH-34的單位，稍後駐越南單位也陸續換裝。接下來從1967年9月又開始接收UH-1D的動力強化改良型——改用1400匹軸馬力T53-L-13發動機的UH-1H，後來也有不少UH-1D升級到UH-1H標準。

UH-1D/H放大的機艙帶來了更大的操作彈性，很快就成為越南戰場上的運輸主

■ 休伊家族在越南扮演了多種角色，照片為機頭安裝M5 40公厘榴彈砲塔，兩側安裝M3武器次系統(24管2.75吋火箭發射器)的UH-1C砲艇直升機。不過休伊只在1965～1967年底前承擔砲艇機任務，此後逐漸被機動性與生存性更好的AH-1G眼鏡蛇取代。 US Army

■ 貝爾公司位於德州沃斯堡的Hurst工廠生產線在1967年的高峰時期每月可生產160架UH-1，由此可看出美國陸軍對這款直升機需求的殷切程度。 Bell

力，佔駐越UH-1系列總數的75％以上，機身較小的UH-1B則逐漸退居二線，至於UH-1B/C砲艇機的角色，則從1967年底起陸續被機動性與生存性更好的專業攻擊直升機AH-1G替代。

休伊直升機在越南的活躍程度，從貝爾公司休伊生產線的產量變化就可看出端倪，貝爾在1963年平均每月交付20架休伊，短短4年後的1967年，便達到月產160架的驚人數字。總計貝爾自1957到1975年共建造了10005架休伊，美國陸軍訂單便佔了9216架，其中近7000架在1962～1975年間先後被部署到越南，佔同時期所有在越南服役的美軍直升機總數59.3％，使用數量之大與運用範圍之廣，充分說明了「通用」（Utility）直升機這個詞的涵義。

UTTAS計畫——全新通用直升機的開發

休伊家族在越南的活躍，證明了渦輪軸動力通用直升機的價值，但也暴露出許多缺陷。

首先，單發動機設計導致功率輸出有限，限制了性能提升與增設設備的潛力，航速、酬載與航程性能逐漸不能滿足需要。尤其UH-1D雖然機艙容積增加不少，空重卻也增加300多公斤，但旋翼與動力系統仍與UH-1B/C相同，故飛行性能反而略有衰退，直到更換新發動機的UH-1H才改善了問題，然而單發動機構型允許的動力改進餘裕終究有限。

其次是生存性不足，機上的液壓、供電、供油與動力系統都缺乏冗餘備份，即使是小損傷也可能造成大損失；另外機艙、供油管路、油箱與起落架設計亦沒有考慮抗墜落衝擊問題，以致造成許多不必要的傷亡，特別是墜落衝擊造成機艙變形與燃油外洩引起的火災，更是許多人員傷亡的主因。

最後是機艙運載與外部吊掛能力都無法滿足需求。機艙拉長的UH-1D/H雖然號稱可搭載12～14名士兵，但由於越南高溫氣候造成的發動機功率衰減，加上兩側機門各設1挺自衛壓制用的M60機槍，佔用了部份機艙空間，實際可搭載的士兵降到7～8名，遠低於1個步兵班的建制數（11名）。

另外貝爾205系列雖然帳面上號稱擁有2268公斤的最大外部吊運能力，剛好是1門M101 105公厘榴砲的總重量，但在熱帶高溫或高海拔環境下的實際吊運能力遠低於此，稍重的裝備就得拆解才能由UH-1吊運，或是尋求重型的CH-47支援。

貝爾公司曾應加拿大軍方需求，以貝爾205為基礎在1969年推出雙發動機的貝爾

■ 在艙門兩側各安裝1挺M60機槍以便提供基本壓制火力後，UH-1D/H的搭載能力就從12～14名士兵降到7～8名，遠低於步兵班的建制數。 US Army

212系列。貝爾212採用加拿大普惠研製的PT6T-3發動機（美軍編號T400-C-400），這款代號Twin Pack的發動機，實際上是由2具900匹軸馬力的PT6渦輪軸發動機組合而成，共同驅動1套主齒輪箱，可得到1800匹軸馬力（shp）輸出功率，較UH-1H的T53-L-13功率高出28.5%。

藉由新型發動機搭配稍有改進的主旋翼葉片，讓貝爾212擁有較UH-1H高出近18%的最大起飛重量，除航程略短外（貝爾212的雙發動機較耗油，但油箱容量仍與貝爾205相同），其餘性能較貝爾204/205都有所提升，更重要的是雙發動機提升了安全性。

然而政治上的因素，妨礙美軍採購這款直升機（註6），而且貝爾212大量沿用既有的貝爾205結構，即使改用雙發動機，也無法達到美國陸軍期望新一代通用直升機所須滿足的所有改進能力。

註6：眾議院武裝部隊委員會主席瑞夫斯（Mendel Rivers）指責貝爾212採用加拿大普惠製造的PT6T發動機，但加拿大政府並不支持美國在越南的作戰行動，故反對軍方採購該機。他要求除非能找到美國國內的PT6T發動機供應商，才允許軍方購入該機。

經過一番波折後，最後美軍各軍種只有海軍陸戰隊、海軍與空軍少量採購了編號UH-1N的雙發動機型休伊（共294架），陸軍則打算尋找更大型的直升機來替代UH-1系列，決定展開全新通用直升機的開發。

■ 貝爾公司在1969年推出雙發動機型休伊貝爾212，較單發動機的貝爾204/205擁有更好的性能與可靠性，但美國陸軍已不滿足於休伊系列，決定展開全新一代通用直升機的研製，最後只有海軍陸戰隊與海空軍引進雙發動機型休伊，稱為UH-1N。 USMC

通用戰術運輸飛機系統（UTTAS）競標

美國陸軍對新一代通用直升機的二大關鍵需求，一為更好的高溫與高海拔作業能力，二為在戰鬥環境下確保生存能力。

■ 越戰經驗顯示，休伊家族的戰場生存性非常不足，因此UTTAS計畫把改善生存性列為新一代通用直升機需求重點之一。照片為在越南墜毀的UH-1B直升機。 US DoD

越南戰場經驗顯示，小口徑武器帶來的威脅遠比預期為高，即使在低強度環境中，直升機也仍然需要更好的彈道防護能力。此外，對乘員的墜機保護也需大幅改進，以在直升機遭遇意外時減少飛行員與機艙乘客受傷的機率。

在越南戰火正炙的1965年，美國國防部於1965年10月批准陸軍執行一項直升機定性物資發展目標（Qualitative Material Development Objective）研究案，主要目的是研究替代UH-1的新型運輸直升機規格。接下來美國陸軍戰鬥發展司令部（Combat Developments Command）在1960年代末確認了新型直升機初步規格，陸軍將新直升機命名為「通用戰術運輸飛機系統」（Utility Tactical Transport Aircraft System，本書將以縮寫UTTAS稱呼）。

經數年蘊釀後，美國陸軍在1972年1月5日正式發出UTTAS計畫基本工程發展階段（Basic Engineering Development,

BED）的提案徵求書（RFP）。為改革1960年代總包採購（Total Package Procurement, TPP）制度的弊端，美國國防部從1970年代起改變裝備獲得政策，恢復1950年代中期以前的原型競標制度，即所謂「先飛再買」（fly-before-buy），在決標前要求入選廠商透過原型機試飛來驗證與展示技術能力，透過競爭壓力，刺激廠商在計畫的不同階段達成官方設定的性能與價格目標。

第1個採行新採購政策的美軍武器計畫，是1970年5月發出提案徵求書的空軍A-X攻擊機計畫，美國空軍從6家廠商的提案中，選出諾斯洛普與費爾查德—共和，分別建造Y-9A與Y-10A兩種原型機進行驗證試飛。有了A-X計畫的經驗，接下來陸軍包括UTTAS、XM-1戰車、AAH先進攻擊直升機等幾個重大採購案，也都採用類似的原型試驗競爭策略。

在BED「基本工程發展階段」階段，美國陸軍將從廠商提案中選出兩組設計案進入下一階段，然後撥給預算分別建造兩種原型機，進行為期8個月的展示驗證試飛，經實際試飛評估後，再挑出進入量產的獲勝者。美國陸軍預期的主要投標廠商是當時美國三大軍用直升機廠——貝爾、波音—弗托（Boeing Vertol）與塞科斯基，估計獲勝廠商最終將能得到超過1100架以上的訂單。

美國陸軍為UTTAS計畫制定的關鍵性能需求，主要包括：

(1)搭載11名全副武裝士兵（總重1198kg/2640磅）與3名機員。
(2)耐航力2.3小時，含20分鐘預備燃料。
(3)爬升率每秒2.3～2.8公尺（450～550呎/秒）。
(4)雙發動機，只使用不超過95%的發動機中間功率（1150匹軸馬力）就實現所有性能要求（預留5%功率餘裕）。
(5)巡航速度145～175節。
(6)當以35節側飛時，可有每秒15度的偏航速率。
(7)為減少暴露在敵火下的時間，機體須具備以1.75G負載拉起爬升超越障礙、隨即在1秒鐘內以0.25G負載下推，並維持2秒鐘，以讓機**體下降到合適高度的機動性。**

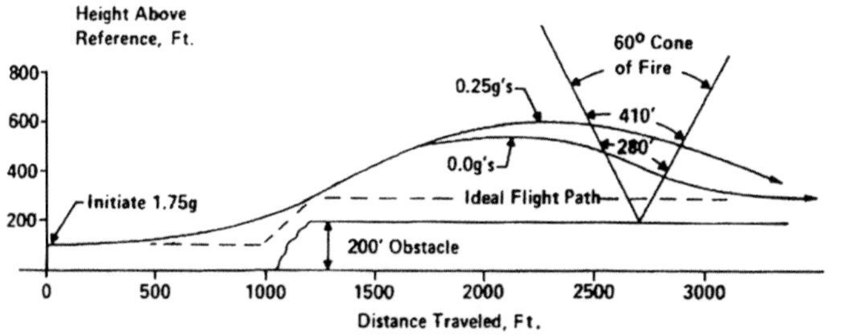

為求盡可能縮短暴露在敵火下的時間，美國陸軍在UTTAS計畫中對直升機的拉起、下降機動提出了特別的要求。
如圖所示，假設敵方防空火力的涵蓋範圍為60度的圓錐，當直升機以100呎高度飛行接敵時，須先以1.75G拉起越過障礙，當機體爬升到500、600呎高度的最高點時、再迅速的以0.25G下推降到較合適的300呎以下高度，從開始拉起到下降到適當高度整個過程，須在3000呎的飛行路徑內完成。
若下降的更陡峭，則暴露在敵火下的路徑越少，以0.25G下降時，通過敵方火力區域的飛行路徑為410呎長，若改以0G下降，則暴露在敵火下的飛行路徑可進一步降到280呎。

其他需求包括3150公斤（7000磅）外掛懸吊能力、單發動機失效下仍有5000呎（1525公尺）升限、可由C-130運輸機裝載空運，以及符合需求的彈道防護與抗墜毀性能等。特別重要的是，全部性能需求都要在4000呎（1220公尺）高度與華氏95度（攝氏35度）環境下達到。至於發動機型式，則已在1971年12月選定為奇異公司發展的T700-GE-700。

一開始各界均看好正在向美國陸軍大量供應UH-1的貝爾公司獲勝希望最濃，次之為陸軍主力重型直升機CH-47的供應商波音—弗托，而塞科斯基由於在先前的幾個競標案中接連失利，當時已有多年未曾承包美國陸軍的直升機計畫，被認為是競爭力最弱的廠商。

最後貝爾、波音—弗托與塞科斯基三家廠商在1972年3月向美國陸軍提交了5個提案：

貝爾240/214A

貝爾公司提出了高階的Model 240與低階的Model 214A兩個方案，企圖兼顧先進高性能與低價技術成熟兩種不同的需求面向。較受人注目的自然是高階的240型，為滿足美國陸軍訂出的嚴苛需求，貝爾240捨棄了許多UH-1系列既有設計，改採全新機體構型，除尺寸更大的14人座貨艙外，

■ 貝爾240木製模型，可看出具有許多與UH-1系列大不相同的特徵，最重要的是搭載兩具T700發動機與全新的4葉式主旋翼與尾旋翼。 Bell Aircraft

■ 號稱「大休伊」的貝爾214改良型214A，是貝爾參與UTTAS競標的另一方案，由於沿用了UH-1H基本設計，故技術上最為成熟，價格也最低，但性能亦最差。照片為伊朗空軍的貝爾214A。

還採用含避震緩衝功能的前三點輪式起落架，以及新型4葉主旋翼與尾旋翼，萬向接頭式（gimbaled）的4葉主旋翼採用Franz Wortman教授發展的寬弦翼型，葉片末梢帶有特殊的前掠尖端，具有延緩空氣壓縮效應、降低噪音的作用。動力系統為2具1500匹軸馬力的T700-GE-700，傳動系統具備抗損能力。

另一提案則是貝爾當時剛開始研製的214A型（註7）。貝爾214是UH-1H放大機身、強化動力的升級型，而214A則是因應伊朗提出的高溫高原操作需求設計的214改良型。基本上可看作是以尺寸放大、機頭外型也修改的更流線的UH-1H機體，搭配貝爾稍早在開發Model 309型眼鏡蛇王（King Cobra）攻擊直升機時所引進的新型旋翼、動力與傳動系統而成（註8）。

註7：需要特別注意的是，貝爾曾以Model 214A參與UTTAS競標一事，目前只在Stanley McGowen的《Helicopters: an illustrated history of their impact》（2005）一書中有相關記載（第145頁），並未見到其他文獻有類似說法。

註8：眼鏡蛇王是貝爾在1971～1972年間自費研製的AH-1G眼鏡蛇強化型，目的是作為洛克希德AH-56夏安族人攻擊直升機發展失敗時的替補，有單、雙發動機兩種版本。雙發動機型眼鏡蛇王搭載1組與陸戰隊AH-1J相同的T400-CP-400發動機，功率1800匹軸馬力，單發動機型則搭載1具原用在CH-47B上的萊康明T55-L-7C，功率2850匹軸馬力，但為配合傳動系統，功率被限制在2050匹軸馬力。

214A採用貝爾傳統的兩片式蹺蹺板旋翼與滑蹺式起落架，但旋翼葉片改用Wortmann翼型，並搭載1具2930匹軸馬力的萊康明LTC-4B-8D發動機（即修改後的T55-L-7C民用版），傳動系統沿用了眼鏡蛇王的設計，額定功率2050匹軸馬力。這個設計雖是為外銷設計，並不完全符合陸軍開出的需求規格，但貝爾也將其投入UTTAS競標，是所有競爭方案中最成熟也最便宜的，但性能也最低。

波音—弗托Model 179

波音—弗托的前身是弗托飛機（Vertol Aircraft）公司，而弗托的前身則是1940年成立的派塞斯基直升機（Piasecki Helicopter）公司，當創辦人法蘭克·派塞斯基（Frank Piasecki）於1955年6月離開公司，另行創立派塞斯基飛機公司後，原來的派塞斯基直升機也在1956年3月改名為弗托（取自垂直起降英文縮寫VERical TakeOff and Landing），1960年為波音併購成為波音—弗托（Boeing Vertol）。

■ 以波音－弗托Model 179方案為基礎建造的YUH-61A原型直升機，波音－弗托在UTTAS競標中捨棄25年以上的縱列雙旋翼構型設計經驗，提出傳統單主旋翼加尾旋翼的Model 179種方案。 Boeing

從創辦人法蘭克．派塞斯基的時代起，派塞斯基就以開發縱列雙旋翼直升機聞名，從1945年推出PV-3（美國海軍的HRP搜救直升機）開始，先後推出的PV-15（軍方編號H-16）、HUP搜救直升機（陸軍編號H-25）、前面介紹過的H-21，到弗托時代推出的首款渦輪軸動力機型V-107（即後來的CH/UH-46系列），以及稍後的V-114（後來的CH-47系列），全部都是縱列雙旋翼構型。

儘管波音—弗托對縱列雙旋翼構型擁有25年以上設計經驗，在這領域無人可及，但對UTTAS計畫的目的——取代UH-1的新型通用直升機來說，縱列雙旋翼明顯有許多不適合之處，於是波音—弗托轉向傳統的單主旋翼+尾旋翼設計，提出Model 179方案參與競標。

波音—弗托對於單主旋翼+尾旋翼構型的經驗，主要來自該公司數年前與Carson公司合作，在西德MBB授權下生產的BO 105加長版BO 105 Executaire，雖然BO 105 Executaire在北美市場的銷售情況慘不忍睹，但相關技術經驗被用到後來的UTTAS競標中。

Model 179採用類似BO 105的無鉸鏈式（hingeless）半剛性（semi-rigid）主旋翼設計，取消了揮舞鉸與擺動鉸，而直接把葉片固接在槳轂上，構成剛性的連接，但仍保留了軸向鉸或軸承來操控變距。這種旋翼藉由複合材料製成的葉片，來承受旋翼揮動時對葉片根部帶來的彎曲負荷，結構比傳統的全鉸式簡單許多，也不需要潤滑，操控性亦更為敏銳。

Model 179的兩具T700發動機以莢艙方式安置在乘員艙頂部兩側，傳動單元則位於兩具發動機之間的乘員艙頂部後方位置，乘員艙可運載11名士兵，外加3名機組乘員，起落架為前三點式。

塞科斯基S-70

貝爾與波音—弗托分別有美國陸軍大筆的UH-1與CH-47訂單在手，因此對這兩家廠商來說，UTTAS計畫雖然是擴展版圖良機，但即使失利也不致影響到自身生存。然而對塞科斯基來說，UTTAS計畫就是該公司在陸軍市場上的生死存亡之戰。

塞科斯基的創辦人伊格爾．塞科斯基（Igor Sikorsky）是現代直升機技術的奠基人之一，該公司亦是直升機領域的名門，在直升機史上曾留下許多光輝紀錄，早期活塞動力時代的產品如S-55（H-19）、S-56（H-37）、S-58（H-34）等，也都得到美國陸軍制式採用。

但進入渦輪軸時代後，塞科斯基在美國陸軍市場連遭挫折，先是以S-59/XH-39為

■ 基於數年前授權生產MBB BO 105的經驗，波音－弗托的Model 179採用了類似BO 105的無鉸式主旋翼設計，在3家競標廠商中算是最先進。照片為BO 105的旋翼槳轂結構。 GNU by Bernd vdB

基礎的設計，在1955年陸軍渦輪動力空中救護直升機競標中，敗給貝爾204/XH-40，這除了讓該公司失去美國首款量產型渦輪動力直升機的榮譽，也失去潛在的數千架訂單。

10年後，在1965年決標的美國陸軍先進空中火力支援系統（Advanced Aerial Fire Support System, AAFSS）競標中，塞科斯基的S-66方案又敗給洛克希德CL-840，由後者發展為AH-56夏安（Cheyenne）。

同時期在1965年8月的陸軍過渡型武裝攻擊直升機採購案中，塞科斯基以S-61A為基礎的改良型，也輸給貝爾公司的貝爾209型，即日後的AH-1G眼鏡蛇。接下來的失敗發生在UTTAS競標啟動前6個月，塞科斯基的S-73方案，在公司高層寄予厚望的陸軍重型起重直升機（Heavy Lift Helicopter, HLH）計畫中，敗給波音—弗托Model 227/237，由後者發展為XCH-62。

雖然塞科斯基在美國海、空軍市場頗有收獲，以S-61、S-61R、S-65等設計接連贏得海軍反潛（SH-3）、空軍／陸戰隊長程運輸（CH-3、CH-53）、特戰（MH-3、MH-53）、搜救（HH-3）、VIP專用機（VH-3）等案競標，但這塊市場的規模畢竟不能與陸軍相比。在整個1960年代，塞科斯基在陸軍市場唯一的斬獲，就只有產量非常少的S-64/CH-54起重直升機（僅建造96架）。因此塞科斯基若於UTTAS再次失利，恐怕接下來的20年都不會再有切進美國陸軍市場的機會。

■ 塞科斯基1944～1976年間的直升機交貨數量，在1950年代末期達到業務最高峰，最高曾每年交付超過450架直升機。但從1960年後，便直線下滑，只靠規模有限的美國海、空軍訂單支持，幾乎沒有來自美國陸軍訂單，因此UTTAS競標對該公司來說是背水一戰，一旦失敗，就形同於退出陸軍需求市場。 Sikorsky

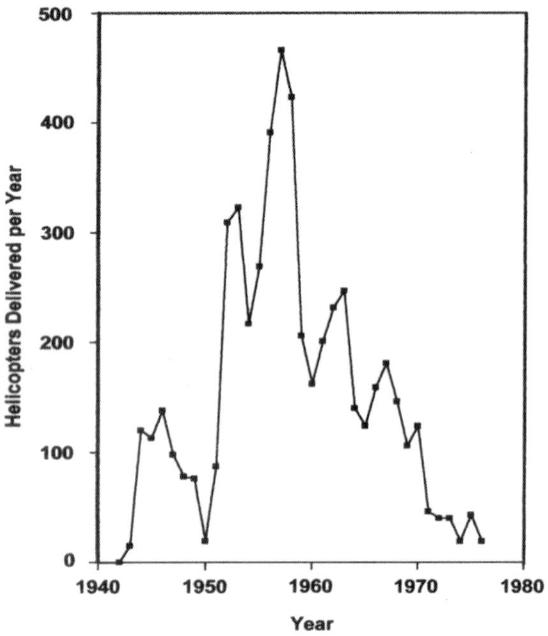

因此塞科斯基對參與UTTAS計畫非常謹慎，在競標前的1970年，便先利用1架陸戰隊的CH-53D測試新的改良型全絞接式旋翼與槳轂技術，確認自身相對於潛在對手佔有一定優勢後，才在美國陸軍釋出UTTAS提案徵求書前5個月，決定投入競標。

塞科斯基在1971年12月選定一個採用三葉式主旋翼的設計為基準，這個設計的構型較為保守，特點包括兩葉式尾旋翼、發動機安置在乘員艙頂部前端兩側，齒輪箱位於發動機後方，由發動機後方的傳動軸驅動旋槳，以及位於尾桁末端的直線翼型水平安定面，起落架為後三點式，尾輪則位於機尾垂直安定面底部。

後來提交給美國陸軍的S-70方案，則改用4葉式主旋翼與尾旋翼，主旋翼直徑

■ 塞科斯基S-70全尺寸木製模型。注意為了塞進C-130貨艙而特別壓低的主旋翼安裝位置。 Sikorsky

增加，末端帶有後掠，主旋翼安裝高度也大幅降低，以便塞入僅9呎高的C-130運輸機貨艙。發動機則後挪到旋翼安裝位置後方，傳動軸驅動齒輪箱則改設於發動機前方。另外還擴大水平安定面面積並改成後掠式，垂直安定面亦取消尾椼下方部分，原安裝於底部的尾輪向前挪到尾椼上。

兩種UTTAS原型機 —YUH-61A與YUH-60A

1972年1月5日發出UTTAS計畫的提案徵求書後，美國陸軍在1972年3月收到來自貝爾（Bell）、波音—弗托與塞科斯基三家廠商提交的5個提案。

經過5個月的評審後，美國陸軍在1972年8月30日公佈了BED「計畫基本工程發展」階段競標結果。原先最被外界看好的貝爾公司意外出局，陸軍選擇了波音—弗托的Model 179與塞科斯基S-70兩個方案，要求兩家公司以此為基礎建造供飛行測試的原型機，波音—弗托的原型機被賦予YUH-61A的代號，塞科斯基原型機則稱為YUH-60A。

美國陸軍在1972年9月11日與兩家入選廠商簽訂正式合約，陸軍原先要求兩家廠商各提供7架原型機，含1架靜力試驗機體，但因經濟壓力造成1973財年預算刪減，最後改為4架原型機，同樣含1架靜力試驗用載具。塞科斯基得到的合約金額為6190萬美元，波音—弗托則為9100萬美元。

BED基本工程發展階段合約屬於「成本附加獎金」（cost-plus-incentive-fee）型式，兩家廠商合約金額之所以有近3000萬美元的差距，主要來自兩家廠商的提案採用不同的報價策略，塞科斯基有意壓低報價，以取得較高的入選機率。

依塞科斯基觀點，UTTAS計畫第一階段是三搶二的競爭，與其說美國陸軍是在挑選獲勝的兩個名額，不如說是在挑選唯一的失敗者，因此他們只要避免成為這個落選者即可。只有先入選，接下來才能得到競爭全尺寸發展（FSD）與量產合約的機會，著眼於未來潛在的收益，即使在基本工程發展階段略有損失，也有機會在日後獲得補償。

顯然的，在這種公開競標中，美國陸軍沒有讓報價最低者出局的理由，相反的，報價最高的貝爾就成為優先被淘汰的對象。據稱貝爾的兩個提案中，即使是低階方案的報價都接近1億5千萬美元，超過塞科斯基報價兩倍，因此貝爾出局是在情理之中（並非機體本身的費用較高，而是貝爾對整個BED合約提案的報價較高）。

不過就美國陸軍來說，由於兩組競標廠商所需完成的合約事項是相同的，陸軍擔心3000萬美元的價差，會使塞科斯基的合約執行發生問題——以2/3的經費，卻要履行幾乎一樣多的合約項目。陸軍曾希望塞科斯基將報價提高到與波音—弗托相近的程度，但卻為該公司挽拒，於是陸軍決定另外保留3000萬美元經費作為預備金，以便因應計畫可能出現的問題（日後的發展證明美國陸軍頗有先見之明，當塞科斯基原型機在試飛中出現預期外問題、需要額外研發經費加以解決時，這筆保留經費便派上用場）。

簽定BED計畫基本工程發展階段合約

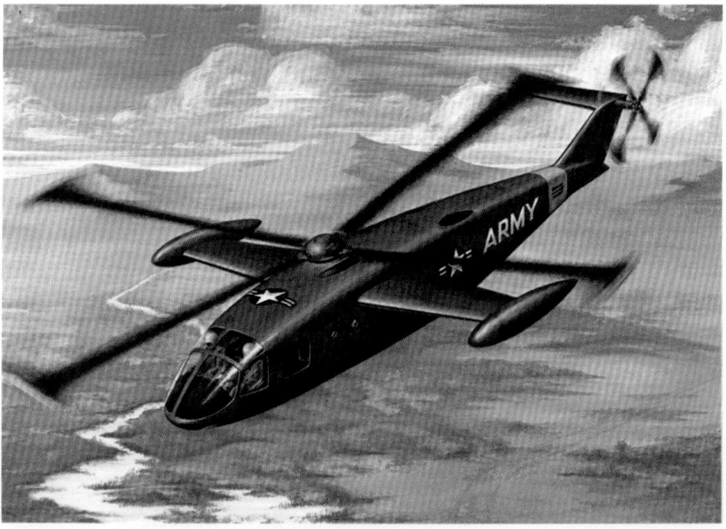

■ UTTAS計畫計畫初期，波音的某種附機翼直升機概念設計，在成本與技術風險考量下，這樣前瞻的設計，顯然並不見得佔有優勢。 Boeing

後，接下來將進入為期52個月的設計發展程序。兩家廠商的原型機預計在1973年下半年進行全尺寸模型審查、1973年底執行關鍵設計評審（CDR），並在1974年底之前出廠先進行內部試飛，再於1976年初交付給陸軍，執行長達8個月的官方競爭試飛（Government Competitive Test, GCT），最後美國陸軍將在1976年第4季決定UTTAS計畫的獲勝者。

新直升機預計在1977～1978年便可開始低速率量產，美國陸軍一開始設定的量產目標價格為60萬美元（1972年幣值，以量產1107架為準，不含由政府供應的發動機、航電等設備的成本），除美國陸軍需求外，預期市場上還會有多達3000～4000架的潛在需求。

波音—弗托YUH-61A

分析過UTTAS計畫需求後，波音—弗托認為新一代通用直升機必須緊緻、並儘可能提高升力，以便在有限空間內操作，同時降低遭敵火命中的機率。還須具備大幅改善的操縱品質，以因應地形追隨飛行時的低G、甚至負G的機動需求。

YUH-61A採用的4葉式玻璃纖維製無絞接式（hingeless）旋翼，是衍生自西德MBB的BO 105直升機，具有機構少、性能可靠等優點，且能賦予機體良好機動性。由於這種旋翼要比傳統的絞接式旋翼更「硬」，葉片的揮舞與擺動更小，因此允許把旋翼轂（rotor head）佈置在離機身更近的地方。而這又能在既有的總高度限制下，儘可能增加機艙高度與容積。陸軍的期望是能在無須拆卸主旋翼的情況下，利用C-130或C-141運輸機空運UTTAS直升機，無絞接式旋翼有利於降低直升機總高度這點，將能帶來極大幫助。

■ 波音－弗托的YUH-61A主要特徵包括玻璃纖維製的無絞接式旋翼槳轂、前3點式起落架與機艙頂部兩側以莢艙方式配置的發動機艙，乘員艙兩側的艙門為兩片式向後滑動式。 US Army

另一方面，考慮到金屬材質旋翼的固有缺陷，如翼樑腐蝕問題、鋁質蜂巢結構對小結構缺陷十分敏感，且會導致迅速的結構失效傳播，以及難以在葉片上結合扭轉與副翼機構等等，也促使波音—弗托選擇使用玻璃纖維材質旋翼。玻璃纖維不會腐蝕，因氣候影響而造成的性能劣化也不明顯，而且結構上的小缺陷並無太大影響，結構失效的傳播也較緩慢，一旦發生這種情況，葉片不自然的行為變化也能讓飛行員適時察覺，而且這種材質還有便於製成理想葉片剖面的優點。

安置在高展弦比垂直尾翼上的尾旋翼，可提供抵銷主旋翼扭矩所需的側向推力，維持方向穩定性。尾旋翼葉片同樣由玻璃纖維製成，葉片直徑設定為10呎長，

■ UH-61A的無絞接式旋翼由於葉片擺動較小，因而可允許縮小旋翼槳轂與機身的間距，在維持全機總高度不變的情況下，擁有更大的機艙高度。 Boeing

以便在機體於最大功率、最大高度以35節速度側飛時，提供符合美國陸軍要求的每秒15度偏航速率。

YUH-61A的飛行控制採用穩定增益控制系統（Stability Control Augmentation System, SCAS），可透過雙重冗餘備份液壓機械的連結，向旋翼傳遞飛行員的操縱指令。這套雙頻道電子增益系統可在機體從懸翔狀態變換為向前飛行時，於45度範圍內控制設於尾桁最末端的全可動式水平安定翼，使機體軸向的低垂運動傾向降到最低，讓轉換動作更平直，同時也可在飛行時讓機體保持在設定的高度上。

美國陸軍對UTTAS直升機的生存性要求，包括抵抗中小口徑彈藥的彈道防護能力，以及遭遇墜落衝擊時對乘員的保護兩方面。前者要求機體任何部位遭受7.62公厘彈藥命中、或重要部位遭受1發23公厘彈藥擊中時，仍能完成賦予的任務；後者則需依據陸軍《TR 71-22墜毀生存設計指導（Crash Survival Design Guide）》文件要求，改善機體的抗墜毀保護。

■ YUH-61A的發動機採用莢艙方式安裝在機艙後方頂部，照片為該機的發動機艙全尺寸模型。 Boeing

為此波音—弗托針對YUH-61A的發動機、燃油與飛控等重要系統均採取雙重分離配置，並提高彈道防護能力，兩具發動機以莢艙方式安裝在機艙頂部兩側彼此遠離（佈置類似同廠的CH-47），可降低同時受損的機率，飛行員則有裝甲座椅保護，乘員座椅也都是吊接在機艙頂部的抗墜毀座椅，並採用可吸收墜落衝擊能量的起落架。

對於執行空中突擊任務來說，對地壓制與掩護用的機槍是不可或缺的裝備。吸取了UH-1為增設機槍而造成的種種負面影響教訓（如機槍座會佔用士兵乘坐空間、且會妨礙艙門的開閉等），波音—弗托在YUH-61A的貨艙設計上特別考量這個問題，在緊鄰駕駛艙後方的貨艙最前端左右兩側，設置了兩個供第3名機組乘員與裝卸管制員乘坐的座位，而這兩個座位旁的舷窗則可設置機槍座（所以第3名乘員可兼任機槍手）。這種機槍座設計不僅不會影響到士兵乘坐空間，更不會妨礙到艙門的開閉。

與塞科斯基的YUH-60A相較，YUH-61A尺寸、重量均較小，主旋翼直徑49呎，預期最大起飛總重達18700磅，主旋翼與尾桁都可摺疊、起落架亦可跪倒，以便塞進C-130貨艙內空運。編號73-21656的首架YUH-61A於1974年11月29日出廠首飛，2號與3號機亦分別在1975年2月與5月出廠試飛。

塞科斯基YUH-60A

塞科斯基認為UTTAS需求中，對設計帶來最大限制的是空運要求，這項要求決定了機身與旋翼可允許的尺寸與重量，此外還得給YUH-60A設置主旋翼與尾桁的摺疊機構，主起落架也需能放倒以便降低高

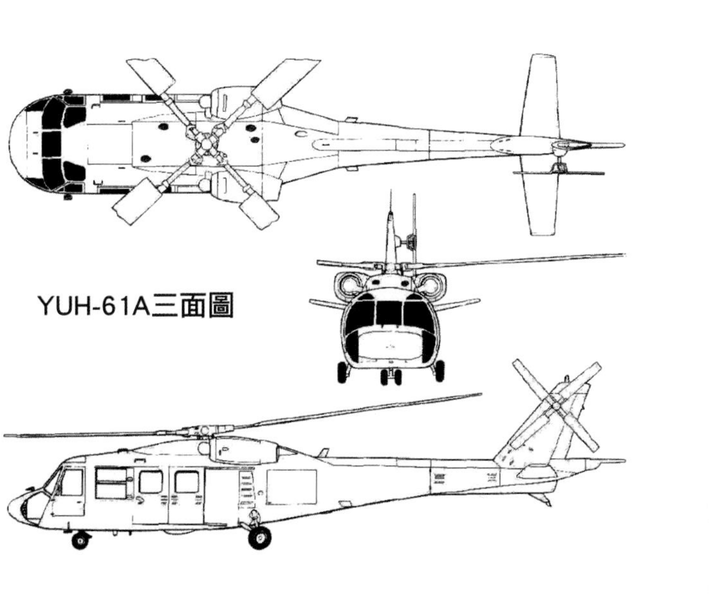

YUH-61A三面圖

■ 為了便於空運，YUH-60A與YUH-61A都設置了主旋翼與尾衍的摺疊機構，主起落架也需能跪倒以降低高度。 Sikorsky

■ 塞科斯基YUH-60A原型機最初構型狀態，注意旋翼槳轂與機身間極小的間距、發動機後方的圓潤機背造型，以及尾衍末端的大型後掠水平安定面。由於試飛中發現嚴重的震動等問題，塞科斯基在1975～76年間對原始構型作了許多修改，才形成今日UH-60的外貌。 Sikorsky

度。

YUH-60A尺寸較YUH-61A大上一號，最大起飛總重可達22000磅，主旋翼直徑達53呎。該公司選擇犧牲少許耐航力，以確保能達到165節航速，接近美國陸軍定出的145～175節巡航速度需求的高標。在最大起飛重量下，只要使油料滿載並減少負載，仍能具備陸軍要求的2.3小時耐航時間。塞科斯基承認這是一種妥協，但強調他們更重視提高直升機的操作性能。

為改善可靠性與可維護性，塞科斯基在YUH-60A上捨棄某些需要密封或潤滑需求的元件、低壽命旋翼葉片等許多容易引起故障的設計，同時提高了全機各系統的檢修間隔。塞科斯基同樣也選擇玻璃纖維作為主旋翼葉片材料，但只用於葉片蒙皮，作為防止鈦製翼樑遭受侵蝕的保護層。這組旋翼最特別之處，在於採用了可延緩空氣壓縮性影響的20度後掠翼梢，翼面的扭轉也能改善升力分布，另外還帶有弧形的翼剖面。

YUH-60A的旋翼仍採用傳統的全絞接式結構，但旋翼槳轂與葉片間的連接不是使用絞鏈，而改以合成橡膠軸承。這種軸承是具有彈性的固體，可使使葉片與槳轂支臂構成柔性連接，以確保葉片的自由活動。葉片變距、揮舞與擺振運動都是透過葉片根部彈性軸承的受壓或剪切變形來實現，依靠彈性軸承就能實現揮舞鉸、擺振鉸、變距鉸三鉸的功能，使旋翼零件數大幅減少，構造也大幅簡化，塞科斯基聲稱這種機構設計可減少60%的維護時間。

與YUH-61A相似，YUH-60A也採用了增益穩定式飛控系統，搭配尾桁末端巨大的固定式後掠水平安定面（YUH-61A的水平安定面是全可動式），可提供向前飛行時的穩定。YUH-60A亦同樣具備關鍵系統的雙重冗餘佈置，以及彈道防護、飛行員裝甲座椅、抗墜毀乘員座椅、吸震主起落架等高生存性設計。

YUH-60A的貨艙配置也與YUH-61A頗為類似，在緊鄰駕駛艙後方的貨艙前段設有供第3名或額外機組乘員乘坐的座椅，並可在座椅旁的舷窗設置機槍座，如此可兼顧配備機槍的需求，又不會佔用士兵乘坐區域、也不會妨礙艙門運作。

與YUH-61A不同的是，YUH-60A貨艙兩側艙門為單片滑動式（YUH-61A則為兩片滑動式），並採用後三點式起落架，起落架間距明顯大於YUH-61A，可提供更好的降落穩定性。此外兩具發動機艙雖同樣佈置在機艙上方兩側，但發動機艙與上機身融合為一體，不像後者採用突出於機體的獨立發動機莢艙。

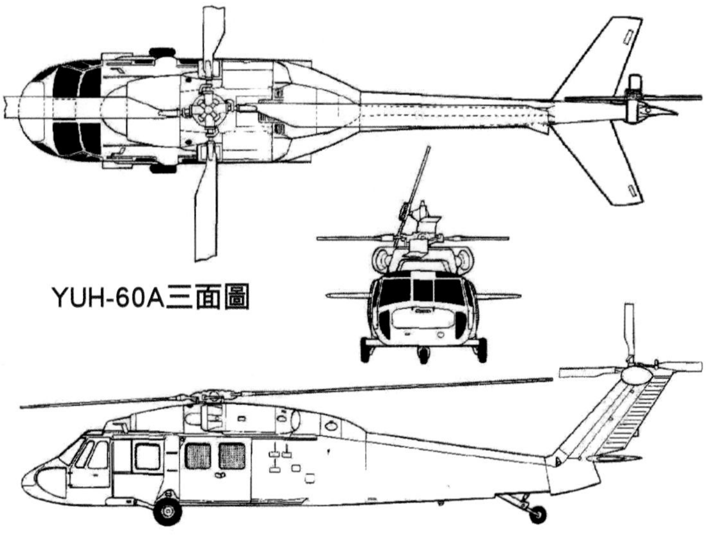
YUH-60A三面圖

編號S/N21650的首架YUH-60A於1974年10月17日完成首飛，比YUH-61A的首飛早了6週，接下來2、3號機則在隔年1月與2月加入試飛行列。儘管塞科斯基的原型機建造與試飛進度較波音─弗托略快，但由於在試飛中發生了震動過大、重心過後導致姿態變換鈍重遲滯、阻力過大造成航速不足等問題，塞科斯基在廠內試飛階段對YUH-60A的設計作了相當多改動，最終交付給美國陸軍的YUH-60A構型，已與原始設計存在許多不同。M

當代美軍標準直升機動力系統─GE T700渦輪軸發動機

美國陸軍於1967年啟動一項先進直升機發動機技術展示競標，以便在啟動UTTAS計畫前，先行解決包括縮減動力單元尺寸重量、改善維護性等一系列發動機相關問題。參與競爭的廠商有普惠與奇異（GE），普惠提出的是ST9，奇異公司的方案則稱為GE12，美國陸軍最後選擇奇異公司承包計畫。

奇異公司從1967年中開始著手GE 12技術展示發動機開發工作，1968年展開試驗用發動機的運轉試驗，稍後在1970年中成功通過10小時驗證測試，接下來又累積了300小時運轉時數，證明可達成陸軍設定的所有設計目標。

於是美國陸軍在1971年12月宣布，指定奇異公司為UTTAS計畫發動機承包商，並於1972年3月與其簽訂全尺寸發展（FSD）合約，將以增設進氣口粒子分離器（inlet Particle Separator）的GE 12為基礎，發展成為1500匹軸馬力等級的實用化版本，正式編號為T700。

稍後在1972年8月發出的先進攻擊直升機（AAH）計畫的提案徵求書中，美國陸軍又要求投標廠商以T700做為動力來源，於是T700便同時成為美國陸軍兩大主力新型直升機計畫的共通動力系統。

從1973年2月開始，陸續有8具地面試驗用的T700原型先後投入臺架運轉測試，接下來奇異公司又交付了87具飛行試驗用的YT700發動機，以支援UTTAS與

■ 奇異公司於1960年代末期開始發展的T700渦輪軸發動機，不僅本身具備出色的性能，透過塞考斯基H-60系列採用，成為至今最主要的直升機用發動機系列，並持續改良發展中。GE

AAH兩個計畫的原型機試飛作業，以及額外的地面試驗工作。第一批YT700發動機被安裝在兩種UTTAS競爭試飛原型機上，分別在1974年10月與11月開始進行測試。總計T700在開發階段一共需要累積7500小時的臺架運轉驗證，以及在UTTAS與AAH原型機上進行的6000小時實際試飛試驗時數。

T700渦輪軸發動機剖面圖

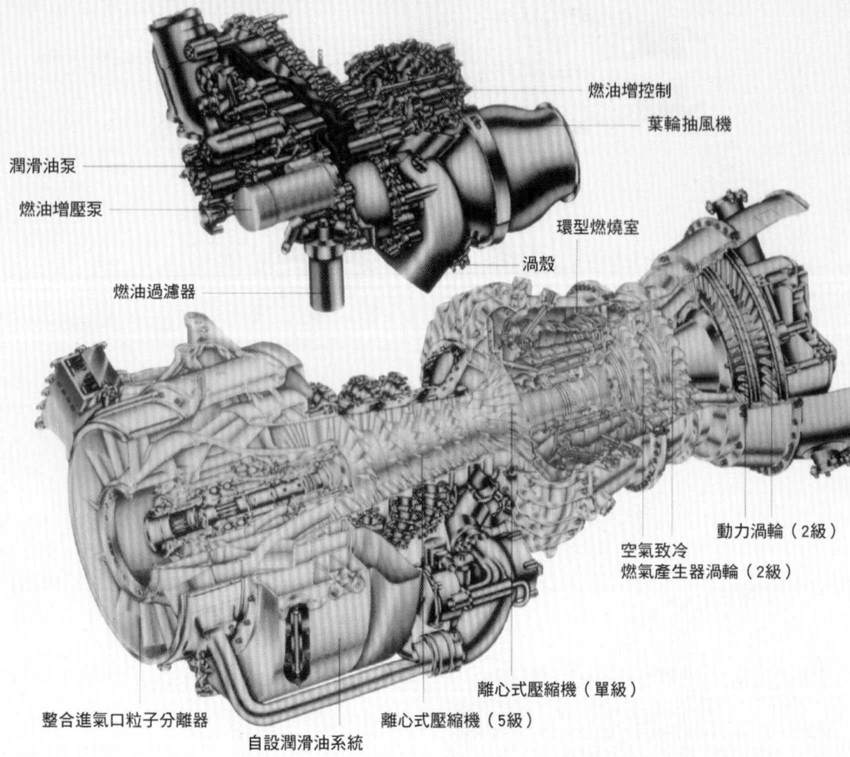

T700的構造

T700是奇異公司開發的第三代渦輪軸發動機，採用自由渦輪設計，由5級軸流式低壓壓縮機、1級離心式高壓壓縮機、環形燃燒室、2級壓縮機渦輪與2級動力渦輪組成，由動力渦輪帶動發動機前方的輸出軸，驅動減速齒輪箱提供動力。

T700的6級壓縮機可提供接近15：1的總壓縮比，在44720rpm轉速下的進氣質流率為每秒10磅（4.5公斤）。這組6級壓縮機特別之處在於僅由11個主要元件組成，5級軸流式壓縮機中的每一級，都是一個葉片與輪盤合一的整體元件，奇異公司稱為blisks整體式葉盤，由高抗腐蝕的AM355合金鋼製成。第1、2級葉片的進氣導葉與定子為可變式，壓縮段中離心式那一級的葉片採用尖端後掠構型，整個壓縮機段的外罩可軸向拆解，以便維護保養。

經壓縮機加壓後的空氣將被送進環型燃燒室，燃油則由中央注入，整體佈置對燃油污染具有良好的容限，且能將燃燒產生的煙降到最低，並提供給後方的渦輪段均一的溫度剖面。火焰管為環型，由Hastelloy X合金——一種鎳、鉻、鉬、鐵合金——製成，具有良好的強度與耐熱性能，並兼具優異的抗氧化與腐蝕特性。

渦輪段分為兩種，高壓單元負責驅動發動機的燃氣產生器段，由2級組成，可在超過華氏2100度（攝氏1100度）的溫度作業。第一級渦輪的噴嘴由X-40合金熔模鑄造（investment-cast），第2級則是由Rene 90鎳基合金熔模鑄造兩段式葉片。渦輪葉片、碟盤與冷卻板透過5組繫緊螺栓固定在一起，然後再以5組較大的螺栓固定在驅動壓縮機段的轉軸上。

離開高壓渦輪後的氣體溫度約有華氏1520度（攝氏827度），接下來這些氣體將進入2級自由動力渦輪，藉以得到驅動軸所需的動力，設計上可給予，30～60％軍用功率的低油門狀態提供高效率，並擁有葉片尖端護罩與分段噴嘴。動力渦輪的噴嘴導葉是由Rene 77鎳基合金製成，旋轉碟盤則是由Inconel 718合金製造，至於渦輪葉片是由Rene 120合金精密鑄造，外覆有鎳衣鋁粉粒（nickel alumide）表層。

最後氣體再由環形的單片式尾管排出。發動機需要的潤滑與電氣系統都由自身的附件箱提供，可減少對於機體設施的依賴。

T700是第一種直接內建進氣口粒子分離器的渦輪軸發動機，代替了過去在機體進氣結構上設置進氣過濾器的作法。這套粒子分離器雖沒有活動部件，但仍可濾除進氣中95％的沙塵與異物，藉由驅使進氣氣流發生螺旋運動，利用旋轉產生的離心力將氣流中所含的沙塵與異物，收集到環狀渦殼（scroll）結構中，再透過由附件齒輪箱驅動的分離器葉輪抽風機，將這些異物吹出發動機。

T700的技術特性

高可靠性與更經濟的單位燃油消耗率（SFC），是美國陸軍對T700設計上的兩項基本需求，T700在這兩方面的表現確實相當出色，如燃燒室的大修間隔可達1000小時，相較下，上一代的T53燃燒室的檢修間隔只有400小時。此外T700的核心段只需每500小時進行一次無需拆解的內視鏡檢修，以頭25萬飛行小時的操作經驗來說，平均每30飛行小時才需要1人-時的維護。

在燃油消耗率方面，T700也比上一代的T53改善了25～30％的巡航功率單位燃油消耗率，按奇異公司說法，若以運轉5000飛行小時為基準，則T700將可節省10萬加侖燃油。

除了高可靠性與低燃油消耗率外，容易維護也是重點需求項目，為滿足這方面的要求，T700成為最早引進模組化設計概念的美國製小型渦輪發動機之一，整具發動機由控制附件、冷段（壓縮機）、熱段（渦輪），以及動力渦輪等4個模組構成。

經實際驗證，一個兩人的中間級航空維護班（AVIM）可在1小時內完成熱段模組的更換，冷段模組的更換時間也少於90分鐘，動力渦輪模組則低於半小時，控制附件模組的拆卸更換時間更只需20分鐘。而且所有作業都只需使用只含10項工具的野戰維護套件（包括4個螺絲扳手）完成，只有更換熱段模組時才需要額外的吊勾與轉接器幫助。

經驗顯示，相較於冷段或熱段等發動機核心部份，發動機最常需要維護的部份是外部的控制與附件，因此在設計時，需注意使這些元件容易為維護人員接觸，並確保相關維護程序盡可能的流暢、直接與明確，且須能預防失誤操作。

T700的附件被統一設在發動機上方，所有管線與接頭的佈置都考慮了避免搬運、維護處理發動機時遭受碰撞損傷。冷段模組的兩側都有玻璃油位表（oil level sight glass），不管在哪一側都可檢視油位狀態，多數裝配與安裝工作甚至不需使用扭力扳手。

T700的附件設計允許很方便的在野戰環境下更換，許多部件的更換作業甚至可以單人在10分鐘內完成，如燃油過濾器與粒子分離器的吹除器的更換都只需2分鐘不到，點火器只需4分鐘、電子控制與扭力感測器為5分鐘、點火單元6分鐘、液壓單元8分鐘、燃油控制單元8分鐘。

■ T700發動機設計最重要的指標是可靠性、燃油消耗經濟性與維護性，特別講求容易拆卸、更換與檢修，許多附件的更換甚至只需要幾分鐘時間。照片為正在維護T700發動機的黑鷹直升機地勤人員，清楚展示其採用的「前驅動」構型，傳動軸由前方伸出，接到主齒輪箱上。

CHAPTER 2
UTTAS Program: Birth of Blackhawk Helicopter
第二章 黑鷹直升機的誕生

為求在美國陸軍「通用戰術運輸飛機系統」（UTTAS）計畫中勝出，塞科斯基參與競標的YUH-60A（S-70）直升機，無論在結構、傳動系統、旋翼系統等方面，都導入了許多新穎的設計概念與製造工藝，其中最引人注目的，便是汲取了越南戰場實戰經驗的高生存性設計，以及嶄新的高效率旋翼系統。

為求在美國陸軍「通用戰術運輸飛機系統」（UTTAS）計畫中勝出，塞科斯基參與競標的YUH-60A（S-70）直升機，無論在結構、傳動系統、旋翼系統等方面，都導入了許多新穎的設計概念與製造工藝，其中最引人注目的，便是汲取了越南戰場實戰經驗的高生存性設計，以及嶄新的高效率旋翼系統。

UH-60設計演變—構型變化與技術特性

面對將決定未來一整個世代陸軍直升機市場歸屬的UTTAS競標，塞科斯基的態度非常謹慎，在美國陸軍尚未發出提案徵求書（RFP）的1971年，便開始了內部設計作業。

基本構型的演變

經過一段時間的先期研究後，塞科斯基在1971年8月12日選出了UTTAS的基準構型，主要特徵包括採用50呎長的三葉式彈性軸承主旋翼、兩葉式尾旋翼與後3點式起落架，兩具發動機緊密的並列放置在機艙頂部。不過當陸軍釋出UTTAS的部份需求規格後，塞科斯基隨即對基準設計做了兩項主要更動。

首先是動力系統的佈置，由於美國陸軍決定只開發前驅動版本的T700發動機（即發動機的傳動軸由前方伸出，從而帶動直升機傳動系統），於是塞科斯基便將原始設計採用的發動機配置，從後驅動（傳動軸位於發動機後方）改為前驅動式；為配合發動機驅動方式的更改，第二項設計更動便是將發動機艙的佈置位置，從最初的主旋翼軸前方，向後挪到主旋翼軸後方。

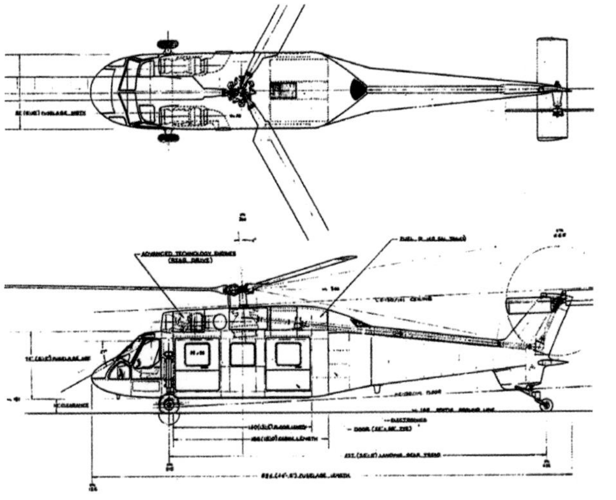

■ 塞科斯基最早的UTTAS基準設計。採用三葉主旋翼+二葉尾旋翼，發動機為後方驅動式，兩具發動機位於主旋翼軸前方，機艙門為特殊的上開式，空重估計為9570磅，起飛總重達14735磅。當美國陸軍發佈UTTAS正式需求後，塞科斯基發現這個基準設計的性能與機動性都不足，也無法因應空運需求，於是做了大幅修改。 Sikorsky

在早期的設計中，機身貨艙兩側各設有兩扇向上捲起、折收於貨艙頂部的艙門，但由於美國陸軍要求UTTAS須能空運，C-130運輸機的貨艙尺寸限制了UTTAS直升機的機艙高度，因而無法採用這類特殊的艙門機構，於是塞科斯基放棄了這種設計，改回傳統的單片式向後滑動式艙門。

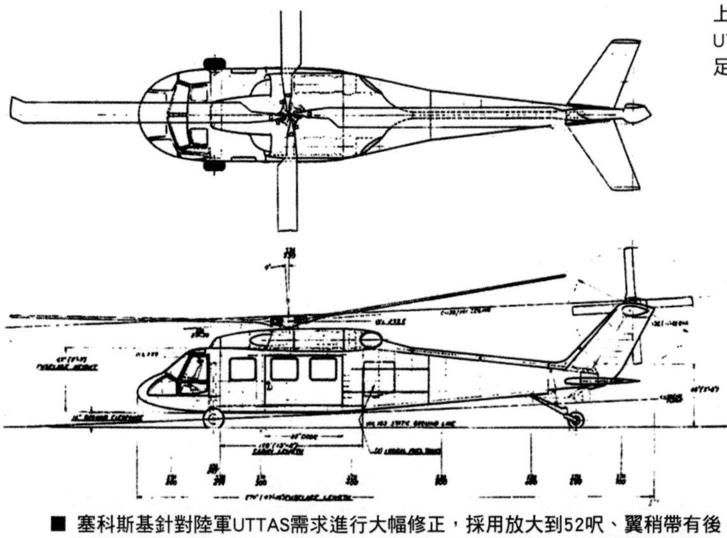

■ 塞科斯基針對陸軍UTTAS需求進行大幅修正，採用放大到52呎、翼稍帶有後掠的4葉主旋翼，結合以傾斜方式安裝的4葉式尾旋翼、後方驅動式發動機配置、下挪尾桁，以及位於尾桁末端的後掠式水平安定面，成為圖中的新設計。注意特別壓低的主旋翼槳轂高度，艙門也改為向後滑動式。 Sikorsky

塞科斯基一開始會選擇相對較簡單的3葉式主旋翼＋兩葉式尾旋翼，主要是基於美國陸軍設定的單位成本要求考量。然而當他們收到陸軍釋出的初步需求規格後，發覺陸軍對UTTAS飛行性能與機動性的要求，遠比預期的更嚴苛，特別是針對高溫、高海拔環境下的垂直爬升率與垂直方向的負載能力要求，以及承載能力規格，都超出原始設計所能達到的性能限度。

為滿足美國陸軍定出的性能需求，塞科斯基將原始設計的主旋翼葉片尺寸增加到50呎10吋，稍後又進一步增加到52呎，同時捨棄了3葉式構型，改為效率更高的4葉式主旋翼。不過經進一步計算與試驗後，該公司發現，若不設法大幅改善主旋翼與尾旋翼的氣動效率，僅僅只是增加葉片直徑與數目，仍舊無法達到陸軍的性能需求，於是尋找最佳的旋翼構型，變成為該公司接下來的設計工作重點。

以美國陸軍釋出的初步需求規格為基礎，塞科斯基在1971年11月得出一個包含前述設計更動的新構型，包括直徑52呎的4葉式主旋翼、前方驅動式發動機佈置、向後滑動式艙門等，另外還特別壓低了旋翼槳轂高度，以因應空運需求。

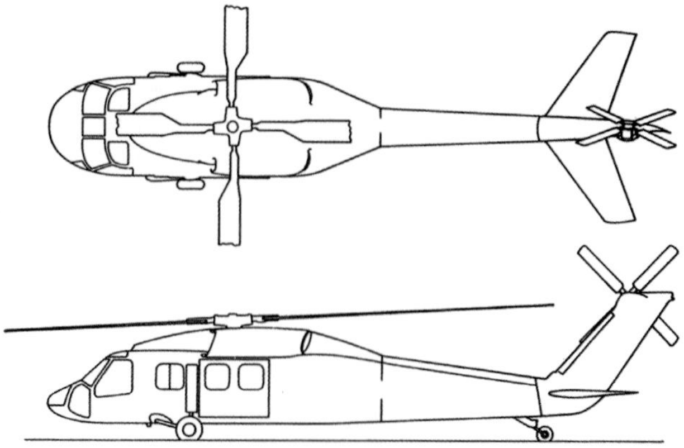

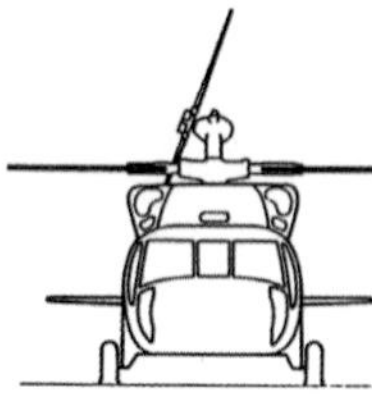

■ 塞科斯基最終在1972年3月27日提交美國陸軍的UTTAS設計構型，與前一個構型主要差異在於尾旋翼改以傾斜20度方式佈置，且機槍手舷窗的構型亦更為具體。最後這個設計被陸軍挑中，進一步發展為YUH-60A原型機。 Sikorsky

為達到美國陸軍定出的生存性要求，塞科斯基亦將兩具發動機從早期的緊密佈置改為相距5呎的遠隔佈置，以便降低易損性。至於位於尾桁末端的水平安定面構型，也從直線翼改為後掠構型，面積則大幅增加，尾桁結構亦從高置式改為低置式。

此外值得注意的設計更動，還包括引進了末梢帶有20度後掠的主旋翼葉片，尾旋翼亦改為4葉式，並以與垂直面傾斜20度的方式安裝。20度傾斜的尾旋翼除了可提供抵銷主旋翼扭力的側向推力外，還可提供一定的向上拉力，有助於提高直升機的垂直面操作性能與酬載能力，並能延伸允許的機體重心範圍，便於在運載或吊掛大型裝備時有更大的重心調整彈性。

接下來當塞科斯基在1972年1月收到陸軍發出的UTTAS正式提案徵求書後，又以前述構型為基礎略微修改了設計，將主旋翼葉片尺寸增加到52呎4吋，以適應機體總重的增加，如此便形成了塞科斯基的UTTAS提案構型。

機艙設計

UTTAS機艙設計的基本需求是搭載11名全副武裝步兵班與3名機組乘員，美國陸軍要求貨艙內部高度不得低於54吋、寬度最少為82～92吋、長度須有108吋以上，且客艙地板與地面需有16吋的高度間隙。為此必須在貨艙尺寸、座椅排列方式、艙門位置／尺寸、機艙手窗戶位置等要素間，取得最佳的搭配，還需考慮到新型的22吋寬乘員座椅由於含有緩衝吸震功能，以致比傳統座椅更寬更佔用空間的問題。

塞科斯基最後採用了4排的客艙座椅配置，除去位於駕駛艙內的正、副駕駛座位不算，貨艙乘客座椅配置由前而後為2—3—4—4的佈置，第2、3排以背靠

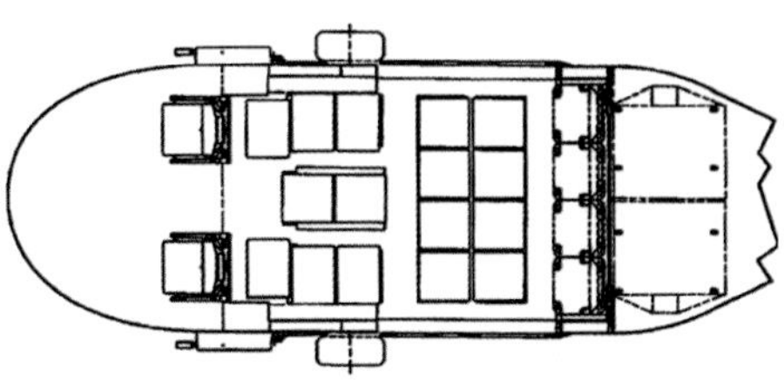

■ 除了標準的座艙配置外，塞科斯基還設計了一個可容納20名乘客的高密度座椅配置，可用在不講究進、出艙速度的場合。 Sikorsky

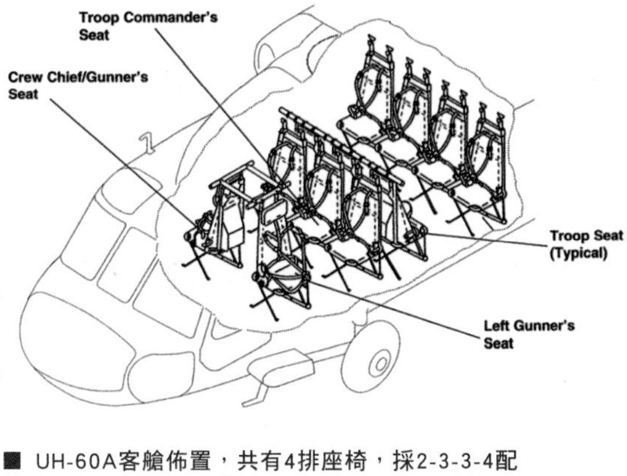

■ UH-60A客艙佈置，共有4排座椅，採2-3-3-4配置，在1-2排與3-4排間形成兩條走道。經過全尺寸模型驗證，這佈置可在5秒內讓搭載的部隊完成進、出艙動作。 US Army

■ 戰術通用直升機的艙門設計必須允許部隊迅速進出，儘可能縮短在著陸區停留的時間，為此UH-60採用單片式滑動艙門與寬敞的機艙口設計。 US Army

背方式緊接在一起，如此可在第1—2排與第3—4排座椅間各形成一條橫向走道，若拆掉8個座椅，則可安放4副擔架。透過全尺寸模型的驗證，塞科斯基確認這種設計可讓經過訓練的部隊，在5秒內完成進入與出艙動作。

除了前述的陸軍標準貨艙佈置，塞科斯基還設計了一種可容納20名乘客的佈置方式，可用於較不講究進出艙速度的場合。

空運需求

由於牽涉到大量的拆解與重組作業，要將直升機利用固定翼運輸機空運，一直是個非常耗費人力與時間的工作。

UTTAS要求的中型直升機空重只有4～5噸，絕大多數中型以上的運輸機都能承載這種程度的貨物重量，較大的問題是在體積方面。

若直升機體積過大，就必須先行拆解才能裝進運輸機貨艙，而在運抵目的地後，還得重新組裝，才能讓直升機恢復飛行能力，不管空運前還是空運後，都需要相當長的整備時間。

舉例來說，UH-1系列的體型與重量雖然不大，但高度卻遠超過美軍C-130、C-141貨艙所能允許的尺寸，因此空運前必須先卸下主旋翼、尾旋翼與部分傳動系統，耗費的作業時間多達38.5人-時。

為了改善長程部署效率，美國陸軍希望新的UTTAS直升機儘可能減少空運前後的準備時間，以及需要耗用的人力。陸軍對UTTAS的空運需求包括：

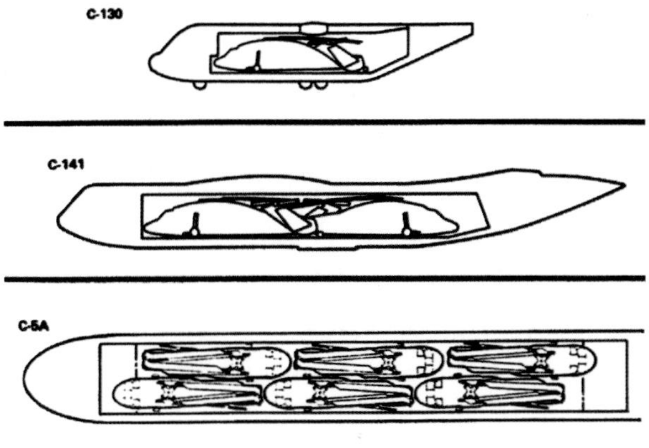

■ 美國陸軍要求UTTAS直升機必須在不拆卸旋翼與動力系統下，利用空軍現役運輸機空運，1架C-5須能運載6架、C-141可運載2架，C-130也要能運載1架。為此UTTAS直升機必須具備摺疊主旋翼、尾桁與尾旋翼的功能，以便塞進貨艙容積最小的C-130中。 Sikorsky

(1) 裝載前準備時間1.5小時以內，耗用5.0人-時。
(2) 裝載與卸載作業耗時30分鐘以內。
(3) 卸載後恢復飛行的預備作業時間2小時以內，耗用5.0人-時。
(4) 每架C-130可運載1架UTTAS、C-141可載2架、C-5A可載6架。

陸軍設定的空運整備時間標準，可說是空前嚴苛，已杜絕了在空運前大部分解機體、抵達目的地後再重新組裝這種老辦法的可能性。再考慮到當時美國空軍的兩大主力運輸機——C-130與C-141的貨艙都不到9呎高，遠低於大多數直升機的機體高度（含旋翼），而C-130僅40呎長的貨艙

■ UH-60的主旋翼與尾旋翼都備有手動摺疊機構，可在無須拆卸旋翼與葉片的情況下，縮減全機佔用空間，以便經由運輸機或船隻進行長途運輸。 US Army

■ UH-60設計過程中，塞科斯基遭遇的最大挑戰是美國陸軍設定的空運需求，特別是不進行任何大部分解下，直接塞進C-130運輸機僅40呎長、10.2呎寬、9呎高的貨艙。藉由旋翼與尾桁的折疊機構，搭配可向下跪倒的起落架，塞科斯基成功達成目標。照片為澳洲陸軍利用C-130H空運S-70A直升機。

長度還會帶來額外的麻煩。

唯一的解決辦法便是設法折收直升機上所有旋翼葉片、尾桁與水平安定面，減少機體佔用空間，並讓起落架跪倒降低整體高度，以便擠進運輸機的貨艙。此外塞科斯基在YUH-60A上的一些設計，也對縮小機體起了一些幫助，如氣動效率更高的新型主旋翼、可在滿足性能要求的同時縮減葉片直徑；與垂直面傾斜20度的尾旋翼，可提供額外的向上升力，減少主旋翼尺寸的需求。這種尾旋翼佈置還可將升力重心略向後挪至主旋翼後方，如此也可讓機體重心後移，進而將駕駛艙與客艙向後略挪數吋，讓機體可以縮的更短些。

比起長度問題，如何讓YUH-60A擠進C-130的9呎高貨艙是個更大的挑戰。由於美國陸軍不接受拆卸主旋翼與齒輪箱這類方法，塞科斯基只能設法讓主旋翼槳轂的安置儘可能接近機身，形成了YUH-60A初期的「低旋翼」構型，不過這種佈置方式在試飛時卻又暴露出嚴重的副作用。

動力系統

按美國陸軍要求，YUH-60A以2具GE公司提供的T700-GE-700渦輪軸發動機做為動力來源，塞科斯基須設計與之搭配的發動機艙、進氣／排氣系統、發動機控制與供油系統，還需發展可降低發動機排氣紅外線訊跡的紅外線抑制系統。

進氣道的設計要求是只造成1%的安裝損失，若溫度上升不超過華氏0.5度，也僅會導致2%的功率損失。但由於YUH-60A的發動機艙是整合在機體上部結構上，進氣道須採彎曲方式，以避開齒輪箱輸入軸，然後連接到發動機的進氣微粒分離器（Inlet Particle Separator, IPS）前端，因此要讓這種彎曲的進氣到得到足夠的進氣壓力恢復，便不像採用獨立發動機莢艙、進氣道相對平直的YUH-61A那樣容易。

塞科斯基藉由安裝在進氣口前端的腎形整流罩，讓進氣道的截面得以平緩過渡，透過連續加速的氣流以使區域的氣流

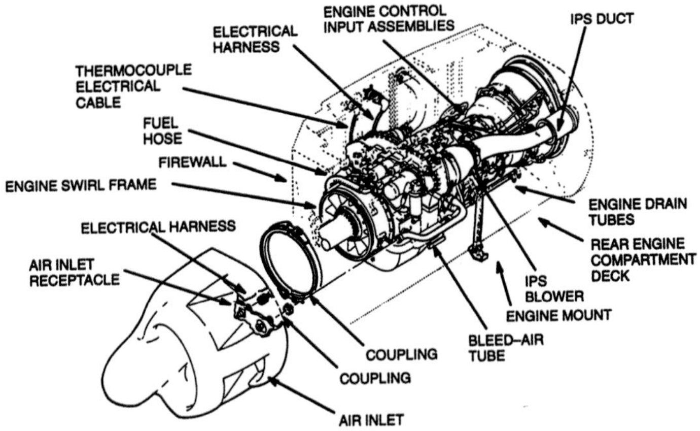

■ YUH-60A的發動機艙佈置。進氣口前端帶有腎型的整流罩、並附有除冰功能，接在進氣道後端、與發動機整合在一起的進氣微粒分離器(IPS)，可大幅減少發動機吸入的沙塵顆粒量。 US Army

■ 塞科斯基在UH-60發動機艙設計上結合許多巧思，如發動機艙蓋打開後可形成供維修人員站立的平臺，方便進行發動機的維修。 US Army

分離降到最小，從而得到需要的壓力恢復。透過一個用於評估進氣壓力損失與扭曲情況的1/5縮尺模型，塞科斯基成功驗證了這個進氣道設計的效果。

進氣道除冰系統是另一個設計難點，由於美國陸軍不希望使用被認定為不可靠的電熱（electrothermal）加熱裝置，所以只能純粹依靠發動機導出的熱空氣來防止進氣道結冰，然而奇異公司（GE）本身也使用了許多發動機引出的熱空氣，防止IPS表面結冰上。

主要問題在於當發動機以低功率運轉時，此時只能引出僅含有極少熱量的熱空氣，為解決這個困難，塞科斯基設計了一套從外進氣道分離出來、以一系列壓合鉚釘（Standoff Rivet）固定的進氣道壁構成對流式熱交換器，利用這些鉚釘可形成能滿足區域傳熱流（heat-transfer flux）所需的不同高度熱交換間隙。這套系統成功通過了NASA Glenn結冰研究實驗風洞的測試，然而難以製造卻是這套系統的一大缺點。

考慮到UTTAS對操作性能與生存性的要求，YUH-60A的供油系統也有許多困難需要克服。目標是設計一套抽吸式燃油系統，以因應包括JP-4在內、任何會在高溫氣候下釋出大量揮發油氣的陸軍用燃油，特別需要避免低壓、高溫環境下，揮發油氣造成燃油泵出現空穴現象的問題。這套供油系統透過可斷開的自封閥門，與機艙尾部的兩組抗撞擊油箱連接。

動力與傳動系統

直升機傳動系統的基本需求，是讓功率傳遞的損失降到最小，而對UTTAS來說，還需讓傳動系統盡可能緊緻，並具備無潤滑作業能力，以滿足空運與生存性的要求。

過去的經驗顯示，UTTAS傳動系統需要的75：1總減速比，必須透過4級齒輪才能達到。不過塞科斯基設計團隊透過新的設計方法，成功以3級齒輪就實現前述減速比的需求。這套主齒輪箱透過兩組自由離合器與兩部發動機的輸出軸連結，可吸收2828匹軸馬力（shp）功率，兼具重量輕與效率高的特性，且只會造成0.5%的功率損失。其中第1級減速齒輪被設計成可在外場更換的模組，並且可以透過調整對稱軸實現左右互換。每個可交換模組都內含潤滑供油管路與迴流供應機制，即使倒反安裝也仍能正常運作。

美國陸軍對於UTTAS直升機傳動模組定出的要求，是在無潤滑油的情況下連續運作至少30分鐘，而承包商還需在臺架測試中展示至少60分鐘的無潤滑運作能力，也就是在潤滑油漏光後，仍能持續運轉至少60分鐘。

為實現這個目標，塞科斯基引進了新

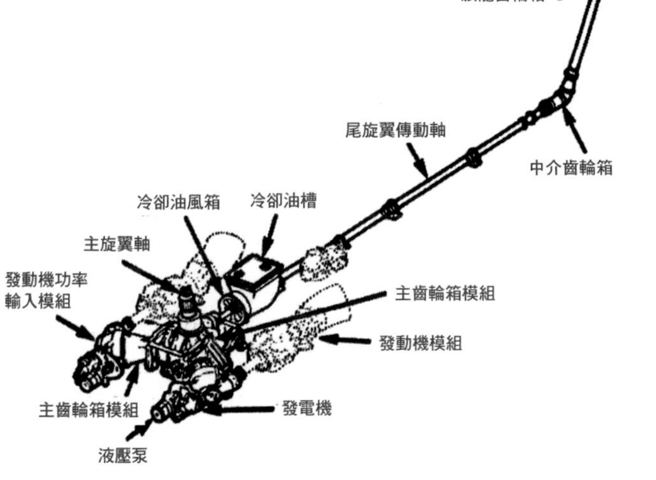

■ UH-60A的傳動系統配置。傳動系統的作用是吸收發動機透過輸出軸傳遞的功率，調整到適合的轉速，再藉以帶動主旋翼、尾旋翼、發電機等單元。 US Army

■ UH-60的主齒輪箱兼具體積緊緻、重量輕且效率高的特性，還具備30分鐘的無潤滑運作能力。

的特殊材料、軸承遊隙（bearing internal clearance），以及圍繞在關鍵元件周圍的油塞（oil dam）等新設計，在第一次測試中就成功通過60分鐘無潤滑運轉試驗。

為提高操作安全與戰場生存性，YUH-60A的傳動系統還配置了雙重發電機與液壓泵，以提供第3級的冗餘裕度。另外還安裝了1部渦輪動力的輔助動力單元（APU），用於供應啟動T700發動機所需的壓縮空氣，並作為另一個提供電氣與液壓動力的來源。

這套輔助動力單元可向機載電子系統供電，或向2部電子啟動液壓泵提供啟動動力，充當主要與第二液壓系統失壓時的最後備份系統。並允許在飛行前的準備作業中，在不啟動發動機的情況下，利用這套APU驅動飛控與液壓系統，以便進行相關的檢查程序。

塞科斯基另外還建議採用一種新發展的潤滑油脂，作為UTTAS尾齒輪箱與中介齒輪箱的潤滑油，以減少外殼破裂導致潤滑油漏光的可能性，並改善野戰維護效率。這兩組齒輪箱都是密封單元，在整個壽期內都無須定期檢查潤滑狀況。塞科斯基利用改裝的S-61直升機的中介與尾齒輪箱成功驗證了這種新潤滑油，後來這種油脂被美軍正式接納為軍用標準MIL-G-83363（USAF），指定為軍用直升機齒輪箱專用潤滑油。

起落架設計

美國陸軍要求UTTAS必須使用輪式起落架，而非UH-1採用的滑蹺式起落架。由於起落架是影響機體結構與作戰操作的重要因素，因此必須在設計作業的一開始，便決定好起落架的佈置方式。

基於抵抗墜略撞擊的考量，以及先前在S-58/H-34上累積的經驗，塞科斯基選擇了類似S-58的「尾輪」構型，也就是主起落架在機體重心前方、尾輪位於尾桁末端的後三點起落架設計，該公司認為這種構型最能滿足在未整備、傾斜與粗糙地形上安全操作的需要。比起鼻輪在前的前三點構型，尾輪構型在抬起機頭的降落操作中，對尾旋翼與機尾的保護更充分，特別是在單發動機或自旋降落之類會有更高傾角的滑降降落時，更是如此。

此外，位於機尾的尾輪也能確保當直升機在崎嶇不平的地形上滑行時，尾旋翼始終保持在夠高的位置而不致碰撞地表。另外還有一個附帶利益，由於主起落架位於前機身，因此在降落操作中，當主起落架的主輪著地時，沉重的前機身會施加給主輪相當大的負載，而這個向下的負載力量有助於讓機身停止，可起到協助煞車的作用，故主輪煞車的磨耗也可有所降低。

而從生存性觀點來看，後三點構型

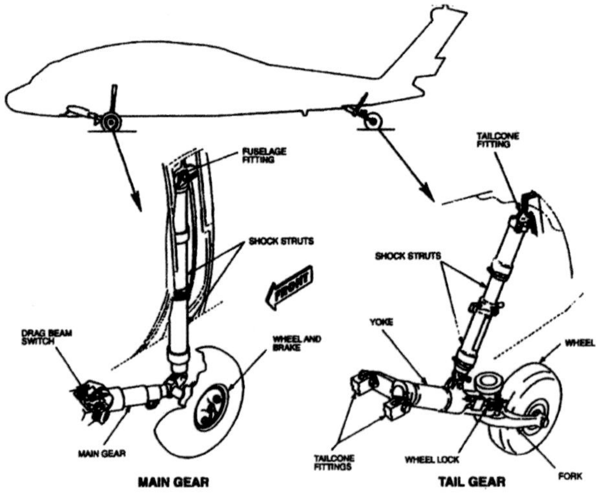

■ UH-60的起落架配置。UH-60採主起落架在前、尾輪位於尾桁後端的後三點輪式起落架，主起落架與後起落架都具有內含雙腔吸能裝置的長行程避震桿。 US Army

■ UH-60這類採用後三點起落架的直升機，當採用照片中這種抬高機頭的降落操作時，位於機尾末端的尾輪可發揮保護尾旋翼與機尾不致觸地的作用，另外當主起落架著地時，還可利用沉重的前機身施加的向下負載力協助完成煞車，減輕主輪煞車的磨耗。 US Army

起落架的抗撞擊性能，也比前三點式更優秀，位於機身外側的主起落架與機尾末端的主起落架，即使遭遇強大衝擊也不用擔心會穿透機身造成二次損傷，不像前三點構型，會有墜落衝擊導致位於前機身底部的鼻輪刺穿座艙地板、或位於後機身的主起落架刺穿機身油箱等風險。

UH-60的高生存性設計—抗撞性、低易損性與彈道防護

YUH-60A原型機是第一款從基礎設計開始，便考慮了針對低威脅地面防空火力生存性需求的美國軍用直升機，特別強調對應中、高強度威脅環境的結構容限。此外也是首款從基礎設計開始，就考慮了針對墜落衝擊情況、保護機組乘員安全的美國軍用直升機。

抗撞擊能力

在UTTAS計畫啟動的1970年代初期，抗撞性（crashworthiness）仍是個相當新穎的工程領域。美國陸軍安全中心研究了越戰中大量的直升機意外事故案例後，認為必須改進既有的直升機設計，以改善遭逢意外事故時的人員傷亡與機體損毀情形。與此同時，陸軍空中機動發展實驗室也與國際飛安基金會（FSF）的AvCIR小組簽約，協助發展飛機抗撞防護的技術準則與設計概念。

經過一連串墜毀測試與概念研究，美國陸軍在1971年發布首套直升機抗撞規範《USAAMRDL TR 71-22墜毀生存性設計指導》（Crash Survival Design Guide），並成為陸軍在UTTAS計畫中對於競標設計的抗撞能力需求基準。

UTTAS抗撞能力的要求，是須在95%的直升機事故中確保乘員生存，當遭遇墜落衝擊時，從座椅與緩衝系統傳遞的衝擊力，不能超出人體容許的瞬間加速度限制，且機艙結構也要能維持完整，以在衝擊過程中為乘員提供足夠的乘坐容積。由此帶來了4項技術需求：(1)抑制機上大質量設備的衝擊；(2)提供合適的乘員緩衝系統；(3)有效的緊急離機逃生出口；(4)預防墜落衝擊後發生火災。

YUH-60A應用的防撞擊技術

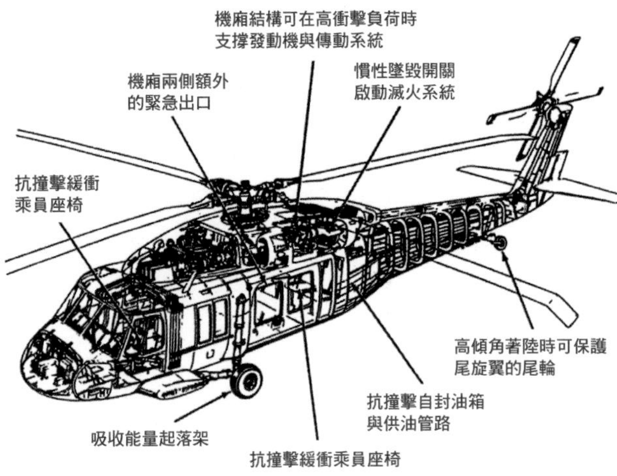

抗墜落撞擊設計的第一步，是最大可能的吸收衝擊能量。美國陸軍原要求UTTAS直升機的起落架需能在機體以每秒42呎垂直速度下墜時，吸收絕大多數衝擊能量。不過YUH-60A的起落架在墜落測試中，未能完全達到這個設計目標，最後改用每秒38呎的垂直衝擊速度標準。

YUH-60A主起落架可透過23吋的緩衝行程，為機體提供平均9G的減速，可在每秒35呎以下的下沉速度防止機體觸碰地面。這套起落架由上、下兩支氣體—液體避震緩衝支撐桿構成，在標準的每秒10呎降落速度下，僅由下支撐桿提供緩衝，上支撐桿的緩衝機構是鎖住的。

當降落下沉速度超過每秒10呎時，下支撐桿的活塞的行程被壓縮到底後，會解開上支撐桿的避震緩衝機構，讓上支撐桿接手吸收後續的衝擊能量，

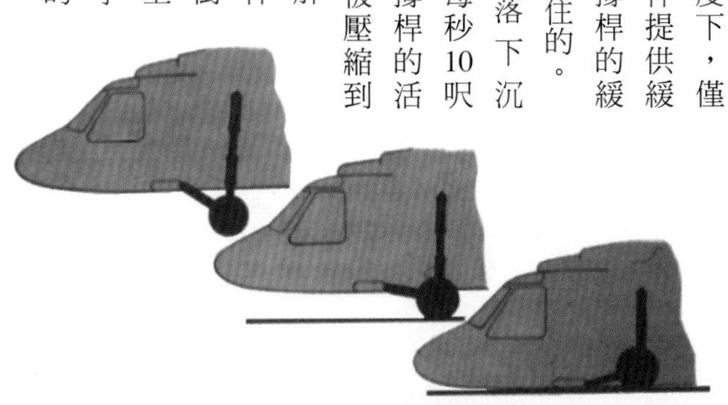

■ 當遭遇墜落衝擊時，YUH-60A的起落架可透過兩段式油壓避震桿的下壓緩衝，吸收絕大部分的衝擊能量，降低機體遭受的衝擊負荷，直到機體觸地為止。 Sikorsky

■ YUH-60A正副駕駛座椅有12吋的緩衝行程，可在遭遇垂直方向的墜落衝擊時，吸收衝擊能量，減少機員背脊承受的衝擊力。其餘所有座椅都有類似的吸收衝擊能量設計。 US Army

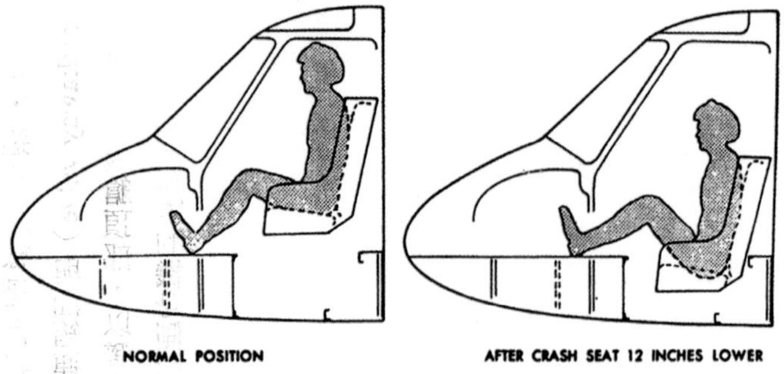

這種兩段式的緩衝機制可提供18G的最大衝擊負荷。由於主起落架2支支撐桿的避震系統彼此分離，即使下支撐桿遭遇戰損，上支撐桿的緩衝功能仍能自動觸發，提供降落所需的緩衝功能。

而當遭遇超過起落架所能承受的每秒35呎的下沉速度時，則由座椅與機體結構的緩衝、變形，來為乘員提供抗撞保護。

YUH-60A的機員與乘客座椅均具備抗撞緩衝功能。正、副駕駛的座椅底部都有12吋行程的兩段式緩衝支架，可承受14.5G的衝擊負荷；乘客座椅則是利用機艙頂部的繞線輪以繩索與座椅背部框架連接，吊接在機艙頂部，這套吊接系統有10吋的緩衝行程，可承受的衝擊負荷上限亦為14.5G。

至於YUH-60A的機體結構設計，則可在遭受墜落衝擊時儘可能保持機艙完整，確保仍能保有足夠的機艙容積，讓乘員不致因機艙變形而受到傷害。機艙底部的縱衍與橫樑結構一直延伸到機頭，可承受遭遇機頭觸地事故時產生的前向加速度；而由4個主支撐隔框與縱樑構成的機艙主結構，除能支撐機艙頂部的發動機、齒輪箱與旋翼等大質量元件外，還具備承受前向20G、向下20G、側向18G衝擊負荷的能力。

所有結構部件都由具備良好延展與能量吸收能力的鋁合金製成，以便在遭受墜落衝擊時吸收發動機等大質量元件的動能，讓機艙結構的受損降到最低，而不用一昧的提高結構負荷強度。藉由這些設計，可讓YUH-60A在遭遇每秒38呎下墜速度的衝擊時，仍能確保至少85%的機艙空間。

為預防墜毀衝擊導致的火災，必須儘可能降低機載可燃性流體受衝擊時的漏洩問題，並盡量讓流體可能的溢出區域遠離火源。為此YUH-60A的內部油箱採用MIL-T-27422B規範製造，可在滿載或標準容量下承受從65呎高度下落產生的衝擊，而仍不致發生洩漏。在最初6次墜落測試中，原型油箱的邊角與接點部位仍有少許漏油，經過改進後，在第7次測試獲得完全的成功，成為日後量產的標準。

供油管路則採用自封式的彈性軟

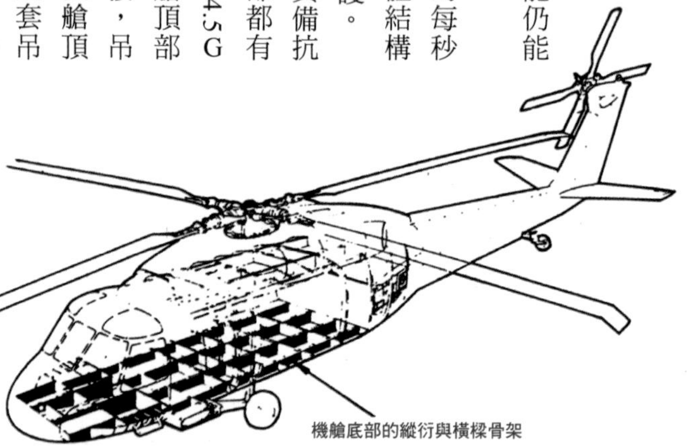

■ YUH-60A機艙底部由縱衍與橫樑構成的骨架結構，從尾部的油箱隔框一直向前延伸到機頭與駕駛艙地板。

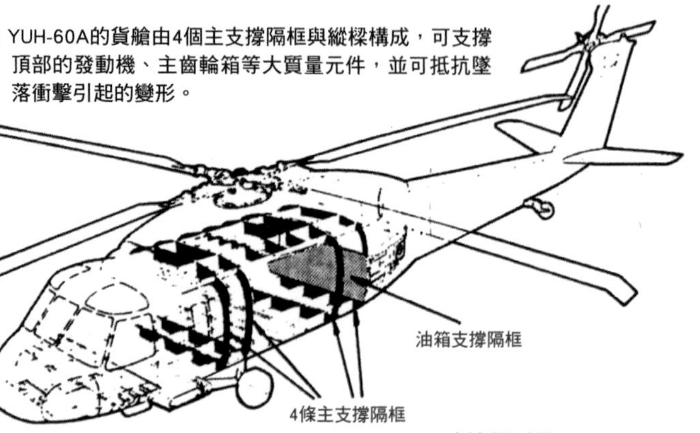

■ YUH-60A的貨艙由4個主支撐隔框與縱樑構成，可支撐頂部的發動機、主齒輪箱等大質量元件，並可抵抗墜落衝擊引起的變形。

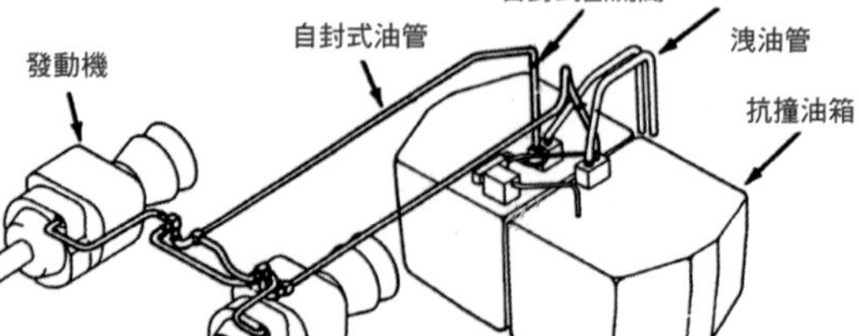

■ YUH-60的供油管路採用自封式的彈性軟管，並設置於機艙頂部，以避開墜落時最容易受到衝擊的機身側面與底部。 US Army

管製成，透過同樣是自封式的斷流閥（breakaway valve）與油箱連接，供油管路特地設置於機艙頂部，以避開在墜機時最容易受到衝擊損害的機身側面與底部。

降低易損性

越戰經驗顯示，大多數直升機戰損都是發動機、燃油與飛控系統遭到彈道損傷所導致，故陸軍要求UTTAS直升機須能應付從小口徑武器到23公厘高爆燃燒彈在內的防空火力威脅。但在顯著減少戰場易損性的同時，又不能帶來過多的重量增加，因此除了提高彈道防護能力外，還須透過多種措施的綜合使用，來達成提高生存性的目的，包括關鍵設備的冗餘重複配置、結構掩護，以及飛行必要元件的物理分離佈置等。

如美國陸軍在UTTAS規格中便要求兩具發動機需彼此相隔5呎，正副駕駛座椅也需相隔4呎，都是基於將關鍵的系統重複與分離配置的原則，避免單一命中即造成整個系統失效。

YUH-60A的飛控系統設計，也同樣講求儘可能分離正、副駕駛所用的控制纜線，重複配置的控制纜線先穿過駕駛艙地板，再繞到機艙頂部，除可避開機艙元件的干擾外，也可利用機艙結構與機艙頂部的裝甲板得到保護。尾旋翼控制纜線亦為冗餘配置，並採用獨特的扇形控制機構，即使其中一條纜線損壞也能維持控制。

另外飛控系統纜線的連接還採用了新型紡錘型樞軸元件，傳統的樞軸元件在樞軸遭到命中時，控制纜線就很容易卡住而無法運作。而YUH-60A的新型樞軸不但尺寸更小，還有第2個支樞，不但縮小了易損區域，即使遭到命中也更不容易卡住。

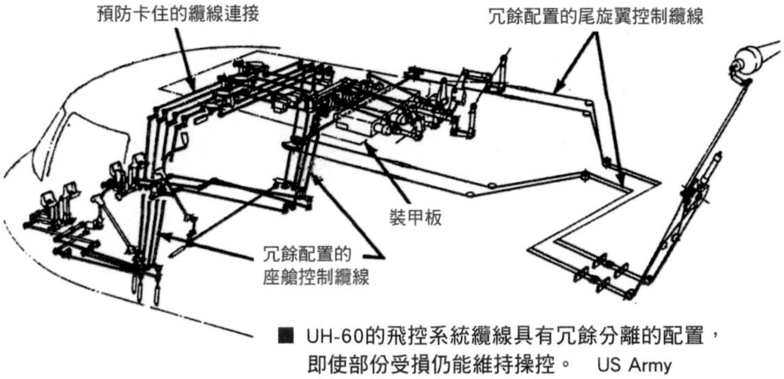

■ UH-60的飛控系統纜線具有冗餘分離的配置，即使部份受損仍能維持操控。 US Army

針對只能配置一套、無法冗餘設置的旋翼與傳動系統，YUH-60A相對於早期機型也大有改善。首先，齒輪箱採用內置式潤滑油管線，彈道防護能力比早期機型的外露式潤滑油配管更好；其次齒輪箱具備30分鐘無潤滑油運作能力，並通過美國陸軍要求的60分鐘無潤滑連續操作測試。

此外塞科斯基還採用了許多有助於改善易損性的新材料技術，如以電渣重融（electroslag remelt）鋼材製成的液壓伺服元件、抗碎的擋風玻璃與座艙結構、具彈道防護能力的軸承襯墊材料、自封式油箱與供油管路，以及主/尾旋翼葉片的翼樑等。

降低可觀測性是減少易損性的另一種方法，YUH-60A在這方面針對紅外線訊跡、運轉噪音、肉眼與雷達可視度同時下

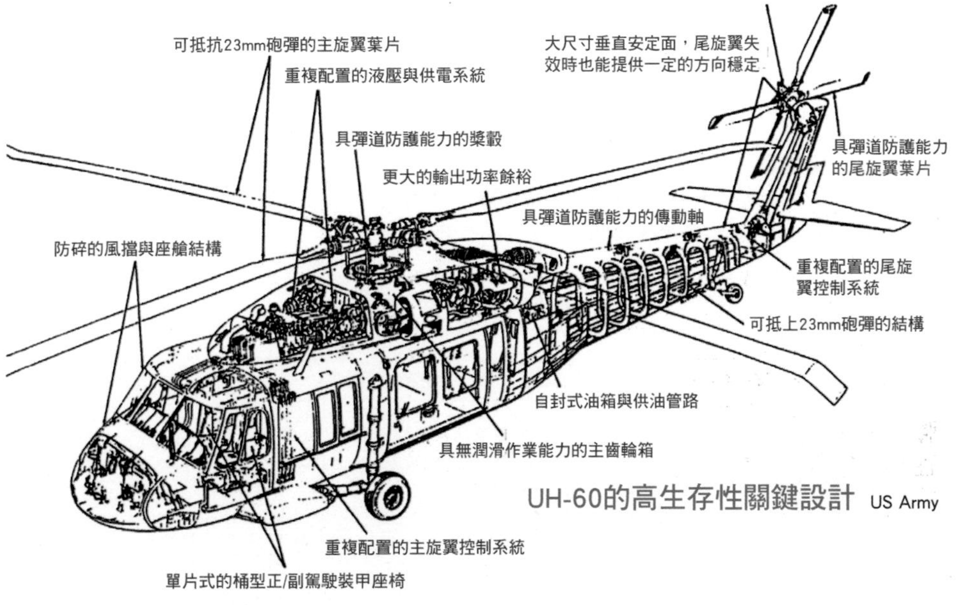

UH-60的高生存性關鍵設計 US Army

手。其中在紅外線訊跡方面，最重要的便是發動機排氣紅外線抑制套件。

美國陸軍原本的需求是針對包括懸停狀態下整個操作包絡範圍內提供抑制效果，不過後來收縮需求，放棄了低速與懸停狀態下的紅外線訊跡縮減。因此YUH-60A的發動機紅外線抑制系統只對80節以上的操作範圍有效——只要飛行員讓機體以80節以上的速度飛行，排氣機構便能引入足夠流量的冷空氣與發動機排氣混合，便能降低紅外線強度。

在運轉噪音的抑制方面，則是藉由翼尖後掠的主旋翼葉片，搭配將主旋翼翼尖速度降到每秒700呎，從而將YUH-60A的運轉噪音較壓低到同時期直升機的平均以下。

至於在光學與雷達訊跡抑制方面的措施則比較簡單，YUH-60A的擋風玻璃形狀考慮了降低反光、減少遭肉眼發現的效果，而擋風玻璃的塗層與座艙蒙皮設計亦有略為減少雷達反射截面積（RCS）的效果。

降低易損性的最後一點，是改善單發動機下的作業能力。雙發動機直升機理論上應該都具有單發動機操作能力，但早期的雙發動機直升機由於動力餘裕低，實際上僅能在常溫的海平面環境維持單發動機飛行，換言之，允許以單發動機操作的包絡範圍非常小。而UTTAS直升機由於特別講求高溫、高海拔作業性能，具有更大的動力餘裕，同時也帶來了更有效、飛行包絡範圍更大的單發動機操作能力。

■ UH-60正副駕駛的防彈裝甲座椅，周圍圍繞有陶瓷裝甲版。 US Army

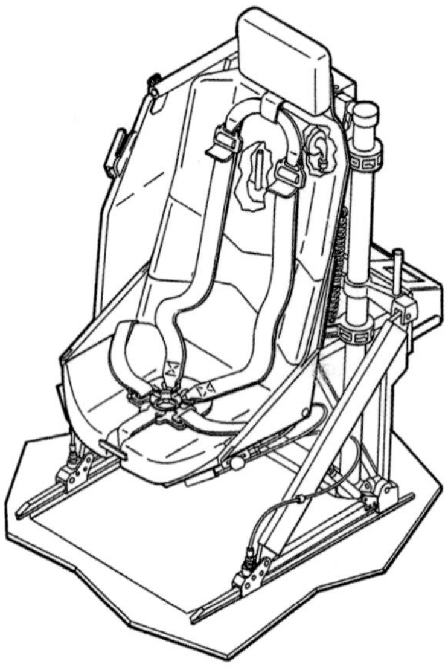

彈道防護

改善彈道防護能力是最直接的提高生存性作法，在這方面，YUH-60A的主旋翼葉片與尾桁結構都擁有防護23公厘高爆彈的能力，主旋翼槳轂、尾旋翼葉片與尾旋翼傳動軸也具備彈道防護能力。

正、副駕駛座椅則採用了美國陸軍指定Cabborundum公司提供的陶瓷裝甲板，與早先塞科斯基用在美國海軍CH-53D上的雙硬度鋼板相比，這種高硬度碳化硼陶瓷裝甲板可節省30%以上的重量（密度分別為每平方呎9磅對13磅）。

創新的旋翼系統——高效率葉片設計

旋翼系統是UTTAS計畫中最具挑戰性的技術領域之一，美國陸軍在UTTAS提案徵求書中訂出了相當嚴苛的性能要求，但空運需求卻又限制了可用的旋翼尺寸，故廠商必須設法提高旋翼葉片升力效率5～10%，才能以較小的旋翼得到足夠的氣動力性能。

早期塞科斯基直升機的主旋翼，多半採用基於NACA 0012對稱式翼剖面的設計，並由擠壓成形的鋁質翼樑、搭配鋁質翼套構成需要的翼剖面。理論上沿葉片翼展方向的扭轉可改善懸停與垂直操作性能，但受葉片結構所限，早期旋翼葉片的

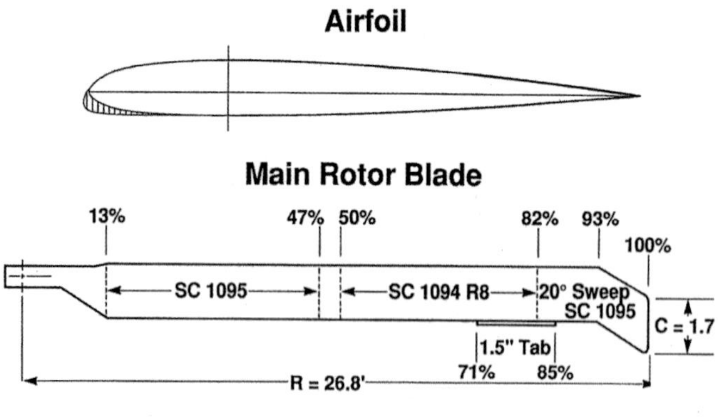

■ UH-60A的主旋翼翼型，原本從翼根到翼梢的整個葉片都是採用SC 1095翼剖面，但後來依據試飛結果，把從50～82%翼展段的翼剖面改為SC 1094 R8，以滿足美國陸軍訂出的機動性要求。 Sikorsky

扭轉多只在負6～8度，如此得到的效率指數（figure of merit, FM）大約只有0.65～0.70。

為改善傳統旋翼的不足，塞科斯基在1960年代末期推出的CH-54B上應用了帶有非線性扭轉（相當於負14度線性扭轉效果）、FM值達到0.73的新型6葉旋翼，有效改善了垂直作業性能，雖然更大的扭轉會給鋁質翼樑帶來更大的振動應力，以致CH-54B速度上限僅有110節，不過這對主要承擔載重任務的CH-54B並不會造成問題，然而對巡航速度需求被訂在150節的UTTAS來說，就得找出解決的辦法。

塞科斯基面臨的問題是如何兼顧垂直面與前向飛行速度兩者間的矛盾需求，理論上，旋翼葉片帶有越大的扭轉，更有利於提升懸停與垂直面的操作性能；但越大的扭轉，則前進飛行時給旋翼翼樑帶來的應力負荷也越大，不利於高速飛行。

YUH-60A的主旋翼葉片結構

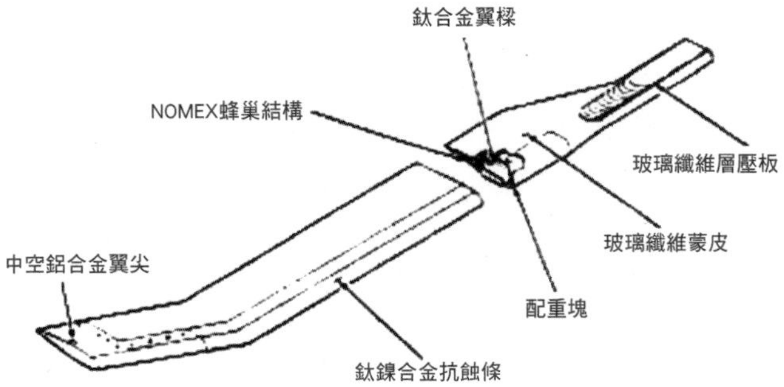

一開始設計小組曾嘗試將CH-54B的旋翼改為4葉，然後直接用到UTTAS上，但模擬結果顯示，此時旋翼的FM值將降為0.71，與需要的0.75仍有差距。最後設計小組藉由導入獨特的Beta翼尖扭轉構型（內側線性扭轉負18度，相當於線性扭轉負16.4度的效果）、塞科斯基自己發展的SC-1095翼剖面，以及沿用自S-67原型直升機上的翼尖20度後掠等設計，終於得到合適的主旋翼構型。

旋翼材質方面，由於傳統鋁質翼樑無法解決兼顧「高扭轉─高懸停性能」與「低扭轉─高航速」的問題，塞科斯基基於先前在ABC同軸反轉旋翼試驗機上使用鈦合金翼樑的經驗，在UTTAS中再次選擇具有更大應力容限的鈦合金作為翼樑材質，以在高扭轉下承受前向飛行時所帶來的更大應力負荷。由模鍛鈦合金板彎曲焊接而成的管狀鈦合金翼樑，強度比鋁合金翼樑高2倍，並具更好的彈道防護能力，可抵抗23公厘高爆彈。至於旋翼前緣為鈦─鎳合金製成的抗蝕條、蒙皮由玻璃纖維製成，內部則由NOMEX蜂窩填充材料填滿。

主旋翼槳轂則捨棄傳統的全絞接式設計，改用塞科斯基與美國海軍在1970年啟動的CH-53D旋翼改進計畫中所發展的橡膠（elastomeric）軸承。槳轂支臂內含合成橡膠製成的球形彈性軸承，使葉片與槳轂構成柔性連接，以保證葉片的自由活動。

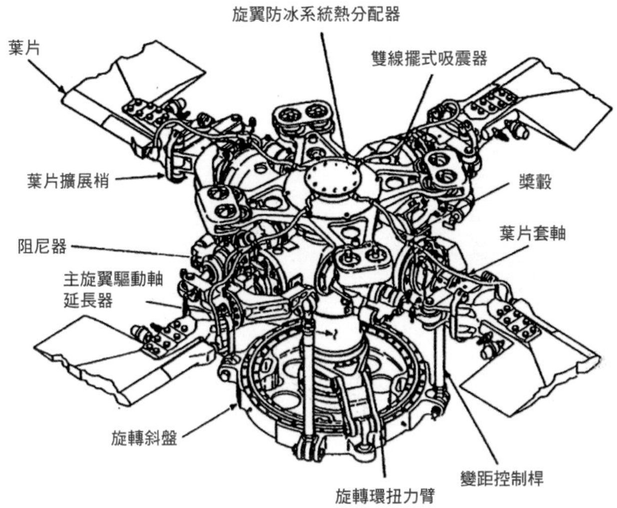

■ UH-60A旋翼槳轂採用改良的全絞接式設計，以橡膠彈性軸承取代傳統的變距、揮舞與擺動絞，結構更為簡化，也不需要潤滑，更易於維修。這種設計雖然不如YUH-61A的無絞接式旋翼先進，但比起傳統的全絞接式仍為一大進步。 US Army

■ YUH-60A的旋翼操縱機構特寫，左邊黑色的圓柱形軸承是用來操作變距，而外側的球形彈性軸承則是用於提供旋翼葉片的揮舞與擺振運動。

葉片的變距、揮舞與擺振運動，都是透過葉片根部彈性軸承的受壓或剪切變形來實現，故零件數大幅減少，構造也大幅簡化，亦無須潤滑，可減少維護時間。此外由於操縱旋翼動作的軸承位於槳轂支臂內，能得到鈦合金槳轂結構保護，彈道防護能力亦大幅提高，經測試可承受23公厘穿甲燃燒彈的命中。

在尾旋翼部份，則採用源自聯合飛機研究實驗室（UARL）的上下旋動式（cross beam）無軸承式設計，兩片由石墨纖維翼樑結合玻璃纖維翼面構成的尾旋翼，利用兩片鈦合金夾板固定成十字形，槳葉的揮舞與變距運動都是依靠石墨纖維翼樑的撓性便形來實現，相對於傳統設計可減少87％零件數量與30％重量。

最終構型成形—試飛階段的設計更動

3架YUH-60A原型機在1974年10月到1975年3月間陸續投入試飛，初步試驗證實原型機大致上可達到美國陸軍的性能需求，但也暴露出不少缺陷，必須趕在1976年3月交付給陸軍測試前修正。其中最嚴重的問題分別是機艙振動過大、重心過後導致姿態變換鈍重遲滯，以及阻力過大造成航速不足。

■ YUH-60A在試飛初期被發現存在機艙振動過大、重心過後導致姿態變換鈍重遲滯，以及阻力過大造成航速不足等問題，因此塞科斯基在交付給陸軍測試前又做了一系列構型修改。照片為YUH-60A 1號機在1974年10月17日進行首飛。 Sikorsky

振動問題

為確保乘員的舒適與機載系統的可靠性，美國陸軍要求UTTAS乘員艙的振動標準是0.05G，僅相當於上一代機型的1/4。但YUH-60A在初步試飛中，正、副駕駛座所承受的垂直方向4P（4-per-revolution）振動等級卻分別在0.2～0.5G與0.2～0.78G之間，遠高於美國陸軍要求。

進一步的模擬振動測試發現，由於YUH-60A中段機體兩側設置了大型艙門，加上空運需求又壓低了機艙高度，讓中段機體的結構彈性高於預期，從而影響了安置在上方的主旋翼傳動系統運轉頻率，以致機體振動模態的自然頻率，與旋翼的4P激發頻率較預期更接近。

塞科斯基嘗試了多種解決方案，一開始是將槳轂上的雙線擺式吸振器支臂延長兩倍，試圖抑制旋翼的振動，結果發現這種方式雖然有效，但不夠好，最後把注意力轉到旋翼安裝高度方面。

抬高YUH-60A旋翼安裝高度的構想，最初並非是針對改善振動問題而提出，而是為了解決初期試飛中發現的向前飛行阻力高於預期的問題。塞科斯基認為較低旋翼位置產生的干擾流場，會增加向前飛行的阻力，當技術人員嘗試提高旋翼位置時，卻意外發現旋翼安裝高度與旋翼振動間存在極大關連。

在低旋翼位置下，從座艙區域流向旋翼翼盤的向上氣流，會使旋翼攻角發生相當大的變化，以致放大了翼根3P剪切負荷。而抬高旋翼位置將可降低旋翼激發頻率，從而避開傳動系統與機體的振動頻率，但副作用是會增加機體總高度，給空運作業帶來麻煩。

最後設計小組開發了一種兩段式旋翼軸，執行飛行任務時可在旋翼軸裝上一段由鈦合金鍛造的旋翼軸延長器（套筒），使旋翼位置抬高15吋；空運時則可移除這個延長器（放進貨艙中保管），並解開4根變距控制桿，以降低整個槳轂的高度。

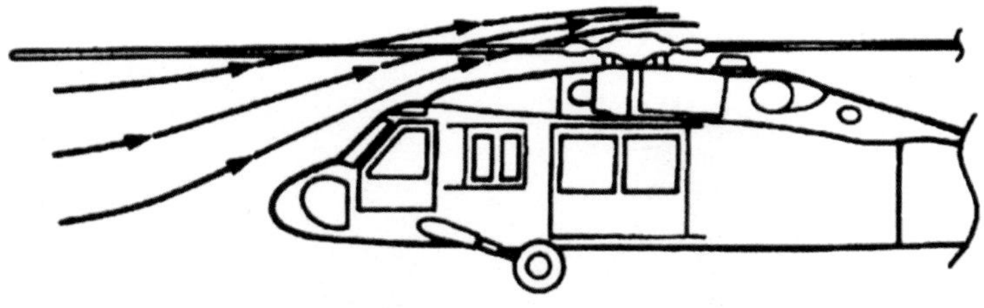

■ 試飛顯示，YUH-60A原來採用的低旋翼高度構型，從座艙區域流向旋翼翼盤的向上氣流，會使旋翼攻角發生相當大的變化，以致放大了翼根3P剪切負荷，增大振動。最後塞科斯基放棄了低旋翼構型，將主旋翼的安裝位置抬高。

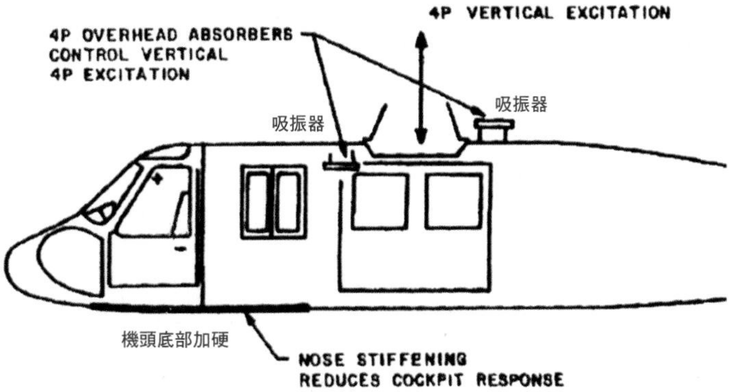

■ 為抑制試飛中發現的4P振動過大問題，YUH-60A在機艙頂部、發動機艙前後各安裝了1組吸振器，以控制垂直方向的4P振動。此外還加強了機頭底部結構的硬度，以便縮小駕駛艙所產生的振動響應。

試驗證明這種設計可滿足美國陸軍訂出的1.5小時空運前整備時間要求，但重新安裝延長器恢復飛行能力的作業需要13人-時才能完成，高於美國陸軍要求的5人-時。塞科斯基在1975年5月17日以1架YUH-60A進行了抬高旋翼構型的首次試飛，試飛員回報機體振動確實有大幅減低，最後3架原型機都被修改為新構型。

不過前述減振方案雖大幅減低振動問題，但仍無法把振動水平降到美國陸軍要求範圍。分析顯示，機艙結構對於旋翼振動的響應仍然過大。YUH-60A的駕駛艙是由4條連接在後方機艙隔框上的石墨纖維製縱樑構成的懸桁式結構，但這個桁架結構會像跳板一樣響應傳動系統運作時的振動，使駕駛艙產生不能接受的振動。

設計小組採取兩種方式來改善這個問題，一為在機艙頂部、傳動系統前後各安裝1組吸振器，二為在駕駛艙到貨艙間的隔框底板上，增設石墨纖維條作為加強，讓機艙結構變的更「硬」。

到1976年初原型機即將交付給美國陸軍的前幾週，塞科斯基才確認最終的減振方案，藉由這些措施可將振動水平降到0.1G以下，雖然與美國陸軍原來的0.05G標準仍有差距，但已是在既有的時程與成本限制下、且不付出過多重量代價所能得到的「可接受」結果，於是0.1G便成為新的量產標準。

重心過後問題

為提供足夠的前向飛行穩定性，並減緩主旋翼下洗氣流的影響，YUH-60A採用了面積高達60平方呎的後掠式固定水平安定面，但是主旋翼的下洗氣流打到尾部的固定水平安定面上時，卻會給機體形成相當大的向上抬頭力距，從而造成重心過後，以致在急驟減速或起飛時，機頭抬起角度過大而妨礙到視野，也難以從懸停狀態轉換成向前飛行。

為解決前述問題，塞科斯基最初曾嘗試在YUH-60A上改用拆自S-61的水平安定面，但發現這組翼面的尺寸仍然過大，改善效果有限。後來又嘗試了Z型尾翼構型，將面積縮小一半的水平安定面安置在垂直安定面頂端，但卻發現面積過小以致穩定性不足。試飛發現，即使加大Z型水平安定面的尺寸，也無法完全恢復穩定性。

當塞科斯基正在進行尾翼修改試驗

■ 為解決重心過後問題，塞科斯基在YUH-60A試飛過程中，曾嘗試將原來的固定後掠水平安定面更換為取自S-61的水平安定面(中)、Z型水平安定面，與放大並附加支撐桿的Z型水平安定面(左)等構型，但都無法取得滿意結果。最後更換為面積縮小1/3的全動式水平安定面(右)，才解決問題。

時，發生了一件不尋常的插曲。1975年2月底某天，波音-弗托1架從該公司紐約卡爾佛頓（Calverton）試驗場起飛的YUH-61A，突然飛臨位於康乃狄克州史丹福的塞科斯基測試場，並投下內含一本《給笨驢釘上尾巴》兒童書的包裹，這個來自競爭對手的示威舉動，卻給塞科斯基設計小組帶來靈感。

他們仿效了YUH-61A的全動式水平安定面，以一組安置在尾桁末端的40平方呎全動式水平安定面代替原始設計。這組尾翼可在+40度到-8度間自動調整，以適應懸停或巡航飛行等不同情況改善控制性，在低速時可順著主旋翼下洗氣流方向向上打40度，消除下洗氣流的影響。新尾翼的首次試飛在1975年3月13日進行，證實可有效解決原有問題，成為日後的標準構型。

機動性與速度不足

美國陸軍要求UTTAS直升機須達到上拉爬升1.75G持續3秒、然後下推0.25G回到原有高度的機動性，以滿足地貌追沿飛行經常需要的上拉—下推機動動作。

塞科斯基一開始為YUH-60A主旋翼選擇的SC 1095翼剖面，雖具有較傳統0012翼型高10～20%的升力係數，以及增加6～7%的阻力發散馬赫數範圍，但在試飛中卻無法達到上拉爬升1.75G持續3秒的要求。最後設計小組把

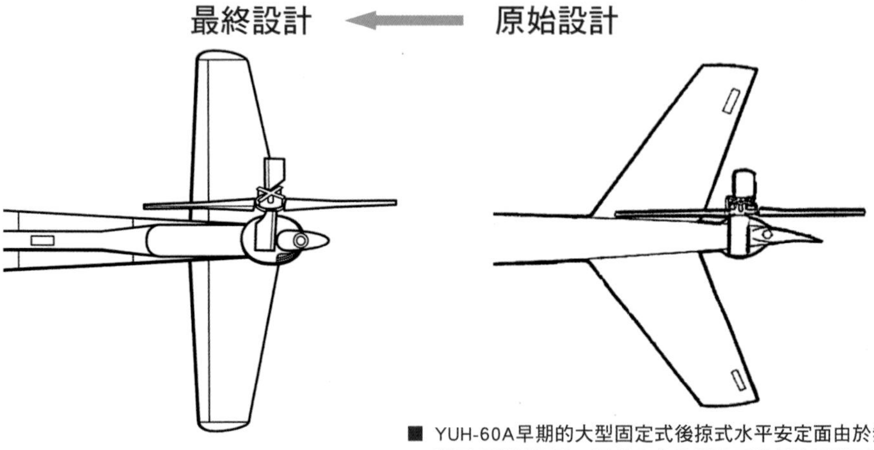

■ YUH-60A早期的大型固定式後掠式水平安定面由於無法隨著飛行狀態調整，因此在主旋翼的下洗氣流影響下，打在水平安定面的氣流，會在尾部產生一個相當大的抬頭力距，造成重心過後與阻力過大問題(上及下)。 Sikorsky

■ 塞科斯基從1975年3月起，將YUH-60改用面積縮小1/3的全可動式水平安定面，可在低速時順著主旋翼下洗氣流方向向上打40度，因而能完全消除主旋翼下洗氣流造成的影響(上及下)。 Sikorsky

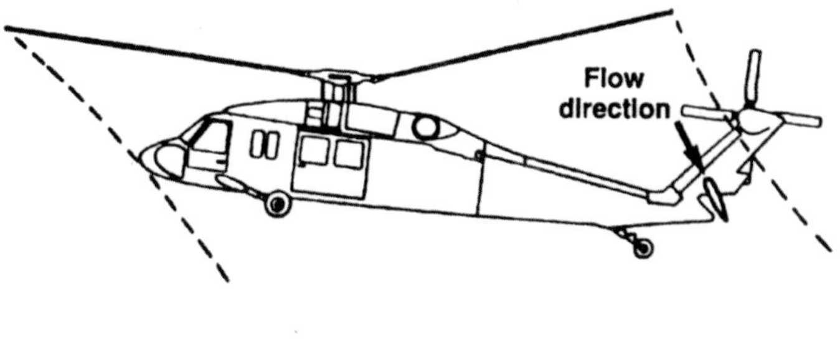

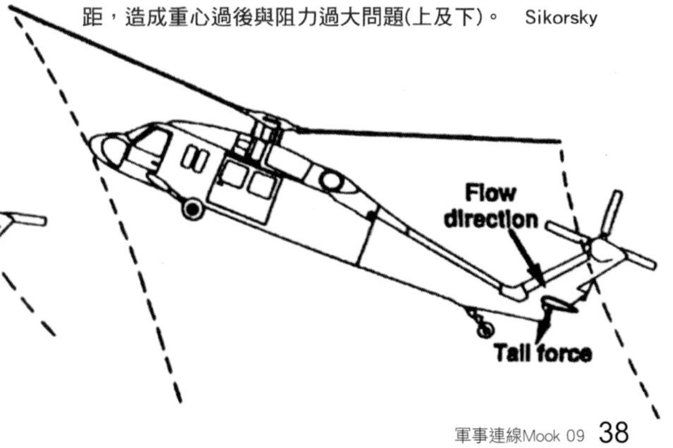

主旋翼葉片50～82%翼展段的翼剖面改為SC 1094 R8，試驗證實修改後的翼型不但能達到上拉爬升機動要求，還能將下推機動性擴展到0G，比陸軍要求的0.25G更好。

初期試飛中出現的另一個問題是巡航速度比預期低了20節，原本預期應能達到148～150節，但試飛員回報到了125節就遇上瓶頸。分析顯示，YUH-60A的機體寄生阻力（parasite drag）比預期高21.7%，首先過大的後掠式水平尾翼造成平飛時機頭過於下傾，增加了迎風面積與阻力；其次較低的主旋翼位置下，從座艙區域流向旋翼翼盤的向上氣流，也惡化了寄生阻力問題；新設計的水平安定面雖能解決前一個問題，但抬高旋翼位置帶來的好處，卻又被增設旋翼軸延長器帶來的額外阻力給抵銷。

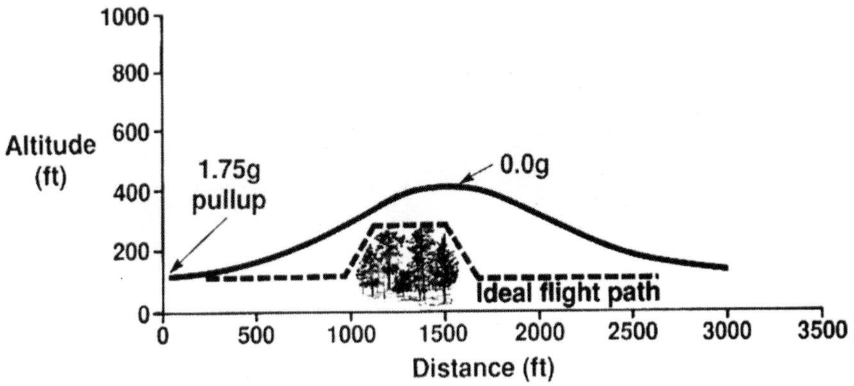

■ 為滿足以貼地匍匐飛行迴避敵火攻擊的需求，美國陸軍要求UTTAS直升機須能以1.75G的負載上拉，並維持3秒，待直升機超越障礙後，再以0.25G負載下推回到原來高度。而塞科斯基改進後的YUH-60A則能達到下推0G的表現，比規格要求更好。

■ YUH-60A前後期主旋翼與機背構型對比。早期的主旋翼槳轂位置較低，且機背造形較為圓潤(右)，後為減輕振動問題而抬高主旋翼槳轂，機背也重新設計成帶有向兩側外凸扁平氣流分離結構的「馬頸軛」構型，以減小寄生阻力(左)。 Sikorsky

經過一連串風洞試驗後，設計小組發現原來的圓滑機背構型，在機身與尾桁的過渡區域的上表面會產生氣流剝離；而新設計的「馬頸軛」機背構型，則能藉由向兩側外凸的扁平氣流分離結構，讓氣流維持吸附在上表面，進而顯著降低機體與機尾的寄生阻力，搭配機體構型的其他小幅修改，縮小了7.2%的寄生阻力，配合略為提高T700發動機轉速以得到額外23匹軸馬力功率，成功使巡航速度回復到147節。

其餘問題

除了前面提到的機艙振動過大、重心過後導致姿態變換鈍重遲滯，以及阻力過大造成航速不足等三大問題外，在YUH-60A試驗過程中，另外出現的較嚴重問題是新型潤滑油帶來的副作用問題。

如前所述，塞科斯基在UTTAS提案中，建議讓尾齒輪箱與中介齒輪箱，改用一種後來被正式納為軍規MIL-G-83363（USAF）的新型潤滑油。不過後來在地面試驗載具（GTV）的初步測試中，卻發現中介齒輪箱出現過熱現象，分析顯示這是由於新型潤滑油的絕緣作用，導致齒輪箱熱偵測器過慢感應到過熱狀態所致。此外，在檯架測試中使用這種新型潤滑油時，還發現數起無法解釋的齒輪硬度損失（hardness loss）現象，於是塞科斯基決定改回使用傳統的潤滑油。

■ 兩家UTTAS競標廠商在1976年3月分別向美國陸軍交付數架原型機，正式展開為期8個月的官方競爭試飛(GCT)程序。上為塞科斯基的YUH-60A機隊，下為波音－弗托的YUH-61A機隊。 Sikorsky／US Army

黑鷹直升機誕生—UTTAS競標結果揭曉

經過近一年的廠商內部試飛後，波音-弗托與塞科斯基兩家廠商各自累積了約550小時的試飛時數，接著在1976年3月向美國陸軍分別交付了3架YUH-61A與3架YUH-60A原型機，準備開始長達8個月的「官方競爭試飛」（Government Competitive Test, GCT）程序。除了由軍方撥款建造、按合約交付給陸軍的3架原型機外，兩家廠商都還各自保有1架自費建造的原型機，供內部研發（IR&D）以及向潛在民間用戶展示之用。

按原始規劃GCT應在1976年1月開始，在此之前，美國陸軍將於1975年11月前往兩家廠商執行「預備評估」（Army Preliminary Evaluation, APE），審查原型機的情況是否適合進行試飛。但因1架YUH-61A在1975年11月11日發生墜落迫降事故，雖然試飛員在該機抗撞設計保護下毫髮無傷，但機體尾部卻嚴重受損，以致波音—弗托在1976年1月只能交付2架YUH-61A，而非合約要求的3架。

有人建議改以波音—弗托自身擁有的那架Model 179機體，替代受損的YUH-61A送交陸軍測試，但按法律規定，美國陸軍UTTAS計畫只能使用政府預算建造的原型機與相關設備，若要使用波音—弗托擁有的那架機體，還需另外申請國會批准。最後美國陸軍決定等到波音—弗托在1976年3月修復受損的YUH-61A後，再啟動官方競爭試飛程序。在此之前，陸軍則按既定時程於1976年2月向發出關於量產提案的指示書，要求兩家廠商在5月前遞交正式的量產提案書。

美國陸軍在官方競爭試飛階段，預定

■ 除了由軍方撥款建造、按合約交付給美國陸軍的原型機，兩家廠商還各自擁有1架自費建造的原型機，上圖為塞科斯基擁有的S-70，下為波音－弗托的Model 179，這2架機體的構型分別與交給陸軍的YUH-60A、YUH-61A相同，主要供作廠商內部研發與向潛在民用客戶展示用。 Sikorsky／Boeing

對兩種機型分別進行790小時的試飛，在3月中接收兩家廠商的UTTAS原型機後，將每家廠商3架原型機中的2架利用空運送到喬治亞州的班寧堡（Fort Benning），另1架則送到加州愛德華空軍基地。在班寧堡的原型機經過短暫的展示飛行後，便自力飛往阿拉巴馬州的洛克堡（Fort Rucker），展開為期3個月的發展測試（Development Test, DT），包括基本飛行性能與功能試驗，以及軍方空地勤人員的訓練。

結束洛克堡的發展測試作業後，2款UTTAS原型機又飛往肯塔基的坎貝爾堡（Fort Campbell），開始3個月的作戰測試（Operational Test, OT），在日、夜與不同氣象條件下，搭載完整的11人步兵班模擬實戰環境中的空中突擊任務。

在作戰測試與發展測試進行的同時，被送到愛德華空軍基地的那1架原型機，則在設於該基地的陸軍工程飛行行動（Army Engineering Flight Activity, AEFA）組織的管理下，裝上全套飛行遙測儀器，進行了飛行性能、穩定性與控制系統方面的試驗。

在開始試飛之前，兩家廠商都先利用地面測試載具（ground-test vehicle, GTV）完成發動機、傳動系統與旋翼的功能測試，接下來GTV測試載具則被用於動力／推進系統的軍規功能驗證，包括1976年9～11月在佛羅里達英格林（Eglin）空軍基地進行的華氏-65度～＋125度的氣候測試。

從事故到勝利

YUH-60A與YUH-61A是針對相同任務需求，但基於不同設計概念與技術基礎的直升機。以體型來看，YUH-60A明顯大於YUH-61A，空重與起飛總重分別高出18%與12%，不過由於需求規格相同，因此基本飛行性能表現、酬載規格等均相去不遠。然而在這些看似相差不多的表面數據背後，兩種機型也存在許多差異。

如兩種機型的巡航速度、航程等基本飛行數據雖然所差無幾，但拜先進的無絞接式旋翼之賜，YUH-61A的操控性更敏銳、機動性也略佳。而在載重能力上，兩者帳面上的貨艙容積、吊掛能力規格也十分接近，不過YUH-60A雖然空重較大，但由於具備尺寸更大、升力效率也較高的旋翼葉片翼型，在相同的發動機輸出功率下，具有更大的載重能力，在最大起飛重量下，實際的可用酬載能力更高。

依據1976年5月在坎貝爾堡執行試飛的飛行員報告，YUH-60A載重能力明顯高出YUH-61A，在海平面華氏80度測試環境下，乘坐4名機員且吊掛7000磅酬載時，仍有載油1500磅的能力，且此時發動機還留有餘力，尚有增加籌載的餘裕。

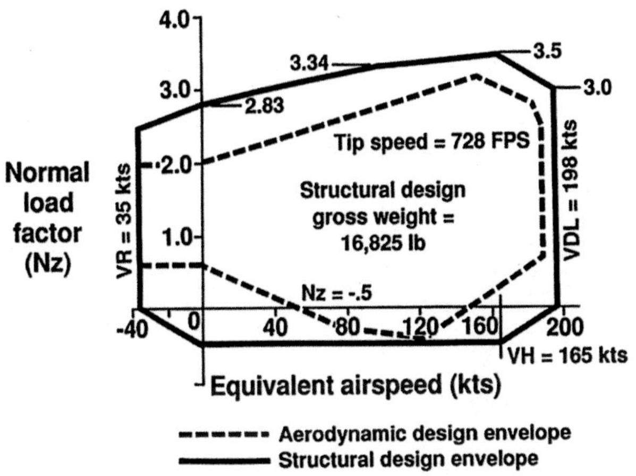

■ YUH-60A在UTTAS驗證試飛中的展示的氣動力設計包絡線與結構設計包絡線，結構設計總重以16825磅為準。結構允許的前飛與倒飛速度分別為200節與-40節，不過實際上的限制是165節與-35節。

■ YUH-61A在官方競爭測試中展現的載重能力明顯低於對手YUH-60A，在類似條件下的最大外部吊掛能力少了1700磅，燃油攜載也少500磅。
US Army

相對的，YUH-61A在相同條件下，便僅能攜帶1000磅燃油，且當飛行員試圖吊起7000磅酬載時，儘管將發動機推到全功率，但仍無法吊起，最後飛行員在旋翼速度開始大幅掉落時，放棄了嘗試。稍後再次進行的測試中，YUH-61A在乘坐4名機員、1000磅燃油條件下，只成功吊起5300磅酬載。

而在生存性方面，兩種機型都藉由實際發生的事故，展現了防撞抗墜毀設計的有效性。YUH-61A的事故是發生在GCT官方競爭試飛之前的波音—弗托內部試飛階段，而YUH-60A的事故則是在坎貝爾堡進行的發展測試階段發生。

表1 YUH-60A與YUH-61A諸元對比

YUH-60A	機型	YUH-61A
53呎0吋(16.15m)	旋翼直徑	49呎0吋(14.93m)
50呎11.5吋(15.53m)	機體長度	51呎10吋(15.79m)
16呎11.5吋(5.17m)	高度	15呎2吋(4.63m)
11呎0吋(3.35m)	尾旋翼直徑	10呎2吋(3.10m)
12呎7吋(3.83m)	貨艙長度	12呎8吋(3.86m)
7呎3吋(2.21m)	貨艙寬度	7呎2吋(2.18m)
4呎6吋(1.37m)	貨艙高度	4呎6吋(1.37m)
412立方呎(11.66m3)	貨艙容積	412立方呎(11.66m3)
11182磅(5076kg)	空重	9487磅(4302kg)
16750磅(7604kg)	設計總重	14898磅(6,756kg)
21000磅(9525kg)	最大總重	18700磅(8481kg)
7993磅(3629kg)	最大有效載重	6925磅(3141kg)
359美制加侖/1361公升	燃油量	2288磅(1038kg)
195節(314km/h)	極速	178節(287km/h)
169節(272km/h)	巡航速度	167節(269km/h)
10000呎(3048m)	懸停升限(IGE)	—
5800呎(1768m)	懸停升限(OGE)	6450呎(1966m)
368哩(592km)	航程(1)	372哩(598km)

(1)含30分鐘預備燃料。

1976年8月9日晚上11時，滿載14名乘員的YUH-60A 1號機由於飛行員發覺機體出現不尋常的振動，於是緊急迫降在附近叢林深處。隔天早上，當美國陸軍搜救隊與賽科斯基技術人員前往失事地點時，發現機體外觀上只有4片主旋翼與4片尾旋翼的蒙皮略有損傷，機體結構完好，發動機與齒輪箱也能正常運作，且亦無漏油或其他會影響關鍵飛行系統的損傷。

現場判斷該起事故是由於1片主旋翼葉片末端玻璃纖維蒙皮的接著劑失效，導致葉片蒙皮在氣動力負荷下剝落，產生不正常的振動。不過由於飛行員迫降處置得當，加上機體的吸振功能生效，故14名乘員均未有大礙。而且在迫降過程中，機體與松樹林的衝擊，並未讓主旋翼的鈦合金翼樑、尾旋翼的複合材料翼樑出現任何裂痕，只是蒙皮擦傷，於是技術人員在現場為該機更換了新的主旋翼與尾旋翼葉片，在事故發生後的第3天便讓該機自力飛回基地。日後這架原型機也得到「鳳凰」的綽號。

事件過後2週，UTTAS計畫經理勞爾少將（Jerry Lauer）在8月23日致函塞科斯基總裁特拜斯（Gerry Tobias）：「儘管這是一起不幸意外，我們仍從中學到許多。實際看過墜落現場後，我必須說這是對貴公司飛機堅固性的良好實證——只換了主旋翼與尾旋翼葉片就能飛回基地。顯示結構非常完好。」

在試飛進行時，兩家廠商均在1976年5月交付了量產提案，美國陸軍將依據GCT官方競爭試飛結果與廠商量產提案，在11月決定競標獲勝者，並於12月簽訂量產合約。

經過為期半年的審查後，負責研發的美國陸軍助理部長米勒（Edward Miller）在1976年12月23日宣布，由塞科斯基贏得生產工程階段（PEP）與成熟階段（maturity phase）合約，授予8340萬美元採購額外3

■ 藉由先進的無絞接式旋翼，YUH-61A的操控性更敏銳、機動性也略佳，但載重能力明顯較對手遜色，加上發展風險與成本略高，最後仍敗給YUH-60A。 US Army

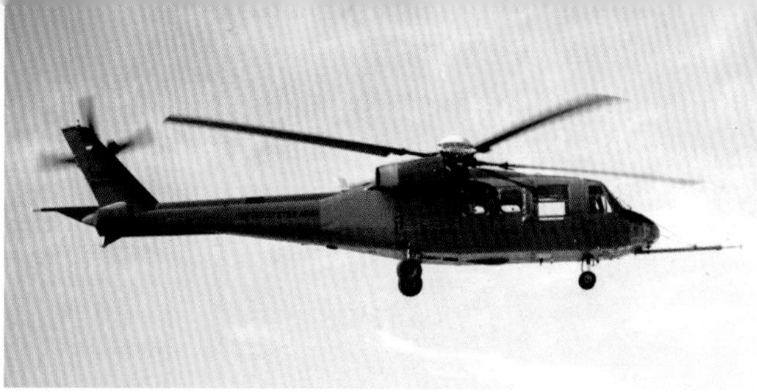

■ 由於YUH-61A在UTTAS競標中失利，稍後衍生型Model 279也在1977年9月海軍LAMPS III競標中敗給塞科斯基的S-70B，在未能取得美軍訂單的情況下，民用型Model 179也乏人問津。最後3架YUH-61原型機中，目前只剩1號與3號機被保存在洛克堡的陸軍航空博物館。 US Army

架YUH-60A與15架初始量產型UH-60A的1年固定價格生產合約，附帶後續3年採購353架的固定價格選項。同時也正式將UH-60命名為黑鷹（Black Hawk）。

米勒在記者會會上指出，塞科斯基的提案在操作適應性、成熟階段費用與生產成本等幾個技術領域都具有較低的風險，技術上也更成熟。稍後在1977年1月7日，UTTAS計畫商源選擇評估委員會（Source Select and Evaluation Board, SSEB）在聖路易陸軍航空系統司令部（AVSCOM）的簡報中，解釋塞科斯基提案得以勝出的特色所在：

(1)符合所有需求，並能適應所有預訂任務。
(2)UH-60A量產構型相對於YUH-60A原型機的修改明顯較少。
(3)優秀的可靠性與防撞抗墜毀性。
(4)符合空運前整備時間需求，但所需人-時超過標準。
(5)更低風險的發展成熟計畫，且費用比對手至少低1000萬美元。
(6)稍高的投資成本。
(7)更低的操作與支援（O&S）與壽期循環成本。
(8)發展測試成本（DTC）略為超出原先目標（66萬對60萬美元）。

接下來塞科斯基在1979年完成了成熟階段作業，首架UH-60A量產機則於稍早1978年10月交付給美國陸軍，並於1979年6月進入第101空中突擊師正式開始服役，從此展開黑鷹直升機迄今30多年的漫長服役生涯。M

直升機的振動問題

正文中提到，塞科斯基為了解決YUH-60A試飛過程中發現的振動過大問題，曾費了許多心力。相對於其他飛行器，由於主旋翼、尾旋翼、發動機等部件的工作方式，振動是直升機操作的固有特性之一。

直升機的振動來源包括：主旋翼與尾旋翼運作時施加給槳轂的應力、進而引起機體的振動響應，發動機運轉時產生的激振、傳動系統不平衡引起的激振等，其中起決定性作用的是主旋翼引起的激振。

以主旋翼旋轉一圈所產生的振動次數（per-revolution）為基準，直升機的振動可分為以下幾種類型：

(1)**極低頻振動**：旋翼每轉1圈，振動次數少於1次，如0.5P振動，通常是主旋翼與傳動系統座架的搖動所產生。

(2)**低頻振動**：旋翼每轉1圈，產生1~2次振動，即1P或2P振動。這類振動多為旋翼本身所產生，又分為垂直振動與橫向振動兩種，前者是由於葉片間產生的升力不平均所致，後者則起因於旋翼沿翼展方向的不平衡所致。

(3)**中頻振動**：旋翼每轉1圈，產生4~6次振動，即4P或6P振動。通常是因旋翼與機體結構間的共同作用所形成。

(4)**高頻振動**：機體組件發生振動或轉動，其振動或轉動速度等於或大於尾旋翼轉速，通常是由於尾旋翼失卻平衡或脫離軌跡所致。

直升機的振動會嚴重影響到操縱與乘坐品質，進而影響到作業效率，嚴重的振動不僅會造成乘員的不舒適，甚至還會導致無法飛行或執行任務，因此振動控制已成為現代直升機設計的關鍵問題。特別是對軍用直升機來說，由於高速飛行、貼地飛行需求及其帶來的機動性與敏捷性要

■ 如何抑制振動是現代直升機設計中的重要課題，上圖為安裝在吊索系統上進行模擬振動測試的塞科斯基UTTAS靜力試驗機體，這套系統可透過模擬不同的旋翼頻率，測量駕駛艙與貨艙對旋翼運轉所產生的振動響應。下圖為安裝在YUH-60A槳轂上的雙線擺式吸振器，可抑制主旋翼葉片的振動。

求，更使機體容易產生較大的振動，必須從設計階段到操作維護的各個環節進行全方位的考量。

從設計階段時對旋翼葉片的數目、旋翼與機身的間距、到結構部件的剛度等基本構型的選擇，到操作中各活動部件的磨損，以及維護保養中的機件拆解、組裝與調整等，都會對振動造成影響，因此必須全面考慮。理論上，在旋翼與機體設計上透過合理調整結構參數，從而得到滿意的結構動力特性、避免產生共振，是最理想的避震措施，但目前的直升機設計在多數情形下仍無法達到這個層次，必須藉由配置隔振或吸振裝置，才能得到可接受的成果。

美國陸軍在1970年代初啟動「UTTAS通用戰術運輸系統」與AAH「先進攻擊直升機」兩項計畫中，大幅提高振動控制需求，要求任何方向的振動水平均不能超過0.05G。但後來贏得這兩項計畫的UH-60與AH-64兩種機型，儘管作了多方改進，但仍然無法達到美國陸軍提出的指標，最後陸軍不得不將標準降為0.1G。

接下來在1970年代中後期設計的直升機，多數都能達到0.1G的振動水平，比1950~1960年代設計的機型降低一半以上。

進入1980年代以後，航空界對振動水平的要求也有所提高，如美國陸軍航空系統司令部在1986年頒布的ADS-27規範中，便要求將直升機振動水平降到相當於0.05G的程度，這已不是靠旋翼與機體結構動力學設計，以及傳統被動式減震裝置所能達到的水準，因而刺激了各式主動振動控制技術的發展。如塞科斯基在最新一代的UH-60M上，便應用了主動振動控制技術，有效克服黑鷹直升機長期以來的振動問題。M

從YUH-60A到UH-60A—首批量產機的改進

1976年12月23日，美國陸軍正式宣佈塞科斯基的YUH-60A擊敗波音．弗托的YUH-61A，贏得通用戰術飛機系統計畫的競標。在接下來的成熟階段（maturity phase）中，塞科斯基除準備量產作業外，也持續進行最後的設計修正工作，以解決YUH-60A原型機在基本工程發展階段試飛留下來的老問題。最後階段的改進工作主要集中在減重、振動控制與試驗流體式增益穩益系統三方面。

機體減重與性能改進

塞科斯基在最後確認的合約規格中，承諾的UH-60A量產型空重是10900磅，但YUH-60A原型機實際重量卻超過11000磅，因此在最終設計階段必須設法減重至少300磅。

超重直接造成的問題是YUH-60A部

分性能表現無法達到標準。陸軍原本在UTTAS規格中要求單發動機失效（OEI）下須有離地5呎的懸停能力（燃油全滿、無酬載），但塞科斯基在1972年的投標書中，就承認他們只能達到2呎高度標準。

然而到了決標的1976年底，美國陸軍發現塞科斯基連2呎高度都達不到。陸軍動力學專家分析後認為，YUH-60A至少得減輕500磅才有可能達到要求。

■ YUH-60A由於機體過重，無法達到單發動機失效下低空懸停高度的標準，後來的量產機透過減重、放大主旋翼與提高傳動系統輸出功率等方式，成功解決了問題。 US Army

不過除了減重外，修改旋翼與傳動系統也是另一個改善性能方法。塞科斯基決定將量產型的主旋翼直徑增加4吋，以提高旋翼產生的升力，這個修改也會讓旋翼末梢的後掠部份增長2吋。

美國陸軍在原型機測試中也發現，塞科斯基為YUH-60A設計的主齒輪箱並未充分運用T700-GE-700發動機所提供的功率。陸軍指出只要稍微調高發動機轉速，則在高溫與高海拔環境下，發動機至少尚有50匹軸馬力以上的功率餘裕可供使用。於是塞科斯基稍微降低了量產機主齒輪箱的減速比，以便應用這些功率。

持續改進振動控制

振動是貫穿YUH-60A整個BED基本工程發展階段試飛的老問題，塞科斯基在基本工程發展階段採用了抬高旋翼安裝位置、在前部機艙頂部安裝質量彈簧減震器、在駕駛艙到貨艙間隔框底板上增設強化用的石墨纖維條等方式，將振動水平降到0.1G以下，但與陸軍原來的0.05G標準仍有差距，而且這些減震措施也給機體帶來額外的重量。

贏得UTTAS競標後，塞科斯基仍繼續改進振動問題。在基本工程發展階段塞科斯基曾加長、加重了主旋翼的雙線擺減震器，試圖抑制旋翼導生振動，4個擺錘支臂都增重35磅，以抵銷在高擺動放大時的去諧（detune）傾向。在後來的改進中，擺錘形狀從圓形改為擺線（cycloidal）型，不僅改善了雙擺線減震器效率，擺錘重量也從35磅減到25磅，4組擺錘總共可減輕40磅，可抵消前部機艙頂部安裝減震器所帶來的重量增加。

另外在成熟階段中，尾部水平安定面連接點與支撐結構，因高區域應力產生的4P振動，也成為新的問題。後來證明這是

■ 為了解決YUH-60A原型機試飛中發現的問題塞科斯基獲得UTTAS合約後仍持續針對減重、減振與飛控方面的問題進行改進。 US Army

水平安定面的自然頻率，與主旋翼的4P振動頻率過於接近所致。一開始設計小組嘗試修改水平安定面的安裝方式，後來發現只要鬆開水平安定面安連接螺栓，就能避開4P振動頻率。於是最後採取的方式是為水平安定面安連接接點安裝彈性隔離墊，成功把自然振動頻率調整到3P，可同時減少振動與應力。

最後一項減震措施是為兩側主起落架的短艙安裝質量彈簧減震器，以將滾轉振動抑制在合約規格要求內。至此整個UH-60量產型的所有減震措施全部完成，直到20多年後發展的UH-60M，才又導入新的減震措施。

試驗流體式增益穩定系統

在UTTAS競標提案中，塞科斯基建議採用一種革命性的流體式（fluidic）增益穩定系統（SAS），可提供飛行控制所需的速率穩定功能，而且完全不需要任合可動部件或電氣功率。這套系統的流體陀螺，可感應到在流體在細孔中因Coanda效應所產生的壓力差，再將壓力差值饋入控制伺服機構中，抑制不想要的飛機速率改變。

塞科斯基先在一架CH-54上試驗了流體式增益穩定系統的原型，在UTTAS成熟階段中，這套系統被安裝到YUH-60A上，但仍保留原有的基本電氣式增益穩定系統。但試驗發現，流體式增益穩定系統採用的流體因溫度而造成的黏度變化，會影響到對應的增益輸出，於是美國陸軍要求將使用的流體從SAE 5606換為SAE 83286，以減少黏度改變的問題，同時還可改善防火性能。不過更換流體類型後，流體黏度問題仍然未能完全解決，設計單位曾考慮過安裝隔熱板與流動補償單元等改進方式，但都無法達到滿意的程度。

■ 由於減重效果十分突出，初期量產的UH-60A飛行性能比合約規格還要出色許多。照片為1983年101空中突擊師在埃及進行明星(Bright Star)演習的情形，該師是首支接收UH-60A的單位，這次演習也是黑鷹的首次海外大規模演習。 US Army

在流體黏度問題尚未解決時，美國陸軍開始認為流體式增益穩定系統有許多不如電氣式增益穩定系統之處，許多飛行員渴望擁有的功能如高度維持等，都必須使用電氣式設計才能提供。因此在成熟階段中，UH-60的增益穩定系統被改為全電氣式，採用Bendix設計的獨立式類比系統，搭配漢彌爾頓標準公司（Hamilton Standard）的數位式系統一同運作。這套類比—數位混合式增益穩定飛控系統一直沿用到UH-60L，才被新的全數位式增益穩定系統取代。

表2 不同時期的UH-60A重量規格

時間節點	空重(磅)	總重(磅)
YUH-60A原型機	11182	16750
1976年5月14日提案	10955	16500
1976年9月9日提案更新	10918	16460
1976年9月27日追加	10866	16420
1976年10月20日追加	10892	16450
1976年10月25日最終合約規格	10900	16450
1978年首批UH-60A量產機	10387	—

首批量產機的改進成果

結合了機體結構減重、更輕的減震措施，以及飛控與傳動系統等方面的改進後，1978年交付的首批UH-60A量產機，空重比合約要求輕513磅，因此各方面的飛行性能都比合約要求更好，巡航速度比合約規格高出3～5節，爬升率更比規格需求數字還要高出兩倍以上。M

CHAPTER 3

Chapter 3: The Army's New Generation Blackhawks

第三章 黑鷹直升機新世代

大規模導入各式新技術的UH-60M，是黑鷹直升機自1970年代開始發展以來最重要的一種發展型。在旋翼系統的氣動力設計與材料技術、振動控制技術、座艙顯示與資訊整合技術，以及推進技術方面都有相當大的改進，藉[redacted]

自黑鷹直升機於1978年交付部隊服役以來，基本的通用型迄今已歷經兩次重大改進。

第一次重大改進是1987年引進的UH-60L，藉由發動機與傳動系統的升級，讓隨著設備與機體重量增加導致性能衰退的黑鷹直升機，恢復了應有的飛行性能表現。

第二次重大改進是2006年開始導入的UH-60M，全面升級了動力、航電與座艙顯示系統，結構、電戰與許多次系統也都有所改進，讓誕生已超過30年的黑鷹，能跟上21世紀的直升機最新技術潮流。

從UH-60A到L—第2代黑鷹直升機

1987年推出的UH-60L是黑鷹直升機服役後的第一種主要改良型。當美國陸軍從1970年代末期引進黑鷹直升機後，實際操作經驗指出，必須為該機加裝一系列新裝備，如外載支援系統（ESSS）、紅外線抑制系統（HIRSS）等，以便提供研發階段未曾考慮到的功能。此外迅速攀高的飛行時數也顯示，黑鷹的機體與部份元件也有加強的必要，以求改善可靠性與耐久性。

然而隨著增設裝備與強化機體元件，黑鷹直升機的機體重量也隨之增加，但動力系統卻仍維持不變，以致飛行性能與酬載能力顯著衰退。到了1980年代中期，當時服役的UH-60A機體重量已較最初的基本型高出800～1000磅，升級動力系統的必要性已經非常迫切，UH-60L正是前述改進需求的具體化。

性能衰退的黑鷹

如同多數軍機的情況，黑鷹直升機的機體重量，也是隨著服役時間的延長而不斷增加。從1978年底塞科斯基開始交付UH-60A量產機起算，到1989年生產線轉換為UH-60L為止的12年期間，UH-60A的空重幾乎是以平均每交付1架、就提高1磅的速度線性增長（註9）。

■ 黑鷹直升機的空重變化趨勢。從圖中可看出在1989年底生產線轉換為UH-60L之前的12年間，UH-60A的空重幾乎呈線性增加，提高近1000磅，而在UH-60L推出後，空重就相對穩定下來，接下來15年間的變化只有300磅左右。 Sikorsky

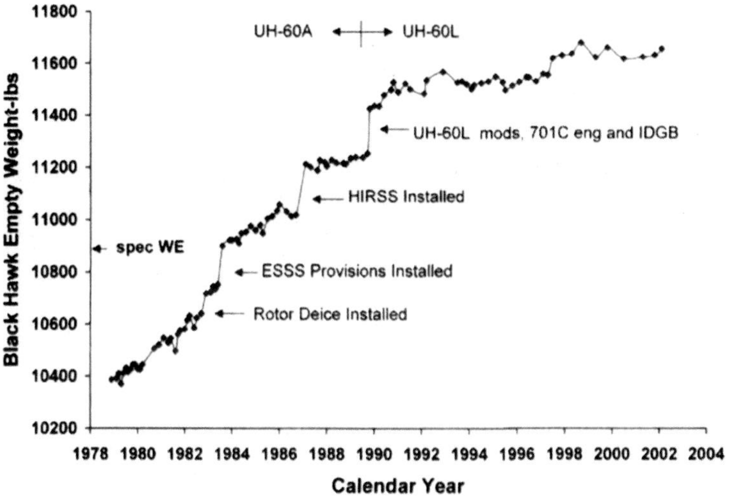

註9：到1989財年為止，塞科斯基一共累積生產974架UH-60A；而相較於最早出廠的頭一批次，1989年出廠的機型機體空重也剛好增加大約1000磅。

由於動力系統性能與機體氣動力特性維持不變，因此每1磅的重量增加，就意味著帶來相對應的性能減損，尤其在垂直爬升能力方面。到了UH-60A量產末期，機體部份性能甚至已經低於美國陸軍的最低限度要求。

從另一方面來看，UH-60A之所以能在進入服役的頭12年期間，接受這麼大幅度的重量增加，也是拜當初塞科斯基在簽定第1份量產合約時，應美國陸軍要求進行的減重計畫成功所賜。最早的YUH-60A原型機比提案規格超重227磅，而塞科斯基在1976年底的第1份量產合約中承諾減重282磅，最後實際交付的首批UH-60A量產機卻比合約要求還輕了513磅。

最初的減重計畫讓首批批黑鷹量產機節省了幾乎5％空重，合約規格要求的空重是10900磅，而首批交付的UH-60A空重僅10387磅，連帶的，搭載既定酬載後的任務重量，也比規格要求的16540磅更輕。重量減輕的結果，讓首批量產機擁有比預期更好的飛行性能，如美國陸軍在量產合約中要求的垂直爬升率與巡航速度分別為每分鐘480呎與147節，但首批UH-60A量產機卻能達到每分鐘1000呎以上的垂直爬升

■ 隨著增設裝備與部份設計上的修正，後期生產的UH-60A重量較初期生產型增加許多，連帶影響性能表現，航速與垂直爬升率都顯著衰退。照片為正準備吊起一套M167火神防空系統(VADS)的早期型UH-60A。 US Army

率，以及150節巡航速度。

然而就如所謂的「真空需要被填滿」一樣，塞科斯基在首批量產機上辛苦得到的減重成果，很快就被各式各樣添加設備的想法所抵消，稍晚出廠的UH-60A量產機馬上就增加了353磅重量。接下來隨著陸續增加新設備，1989年出廠的最後一批UH-60A空重更達到11253磅，比最早的批次重了866磅，也就是增重8.3%。面對這樣的事實，美國陸軍也只能把合約規格上調到11284磅，較原始規格高出384磅或3.5%。

重量增加對性能造成的負面影響顯而易見，後期生產批次的UH-60A垂直爬升率與巡航速度分別降到每分鐘390呎與139節，已低於陸軍定出的最低需求（每分鐘450呎與145節），相比於首批次量產機更是大幅衰退。

可靠性、功能與性能的兩難

重量增加的原因來自多方面，一部份是為了解決或改善實際操作中發現的問題，另一部份則是為因應任務需要，增添必要的新功能。

UH-60A初期操作經驗顯示，部份次系統的可靠性不足，亟待改善，特別是水平安定面自動控制系統，以及主旋翼軸總成兩個部份。

水平安定面控制系統的早期問題，主要是水平安定翼面下垂角度自動設定功能，有時會因疏忽而關閉（註10）。雖然也可將這功能切換為手動操作，但得由駕駛員手動旋轉儀表板上的旋鈕，才能在飛行中調整水平安定翼面下垂角，而這又會造成飛安方面的疑慮——駕駛員必須放開操縱桿才能進行這項操作。

註10：在自動模式下，飛控系統可依據各感測器獲得的空速、總距操縱桿位置、俯仰姿態變化率與側向加速度等參數，在+34度到-6度間自動調整水平安定面角度（+34度用在懸停、-6度用在自旋降落）。

於是塞科斯基為UH-60A安裝一套涵蓋範圍廣泛的改良套件，顯著提高了水平安定面致動控制放大器、感測器與其他元件的可靠性。此外還在周期變距操縱桿上增加水平安定翼面調整旋鈕，讓駕駛員能直接調整水平安定翼面下垂角，而不用放開操縱桿、低頭去儀表板上調整。

至於主旋翼軸總成方面出現的問題，則是主旋翼軸的疲勞強度不足。主旋翼軸提供了旋翼葉片的離心力到彈性軸承間的負載路徑（load path），但旋翼軸的疲勞強度，卻會受製造時因內側螺紋加工不良所產生的不對稱應力負荷影響。

於是塞科斯基修改相關設計，在主旋翼軸中插入額外的連結桿（tie-rod），以提供具有防止故障危害特性的應力負荷路徑，藉此提高主旋翼鈦合金軸的結構餘

後期型UH-60A的改進項目

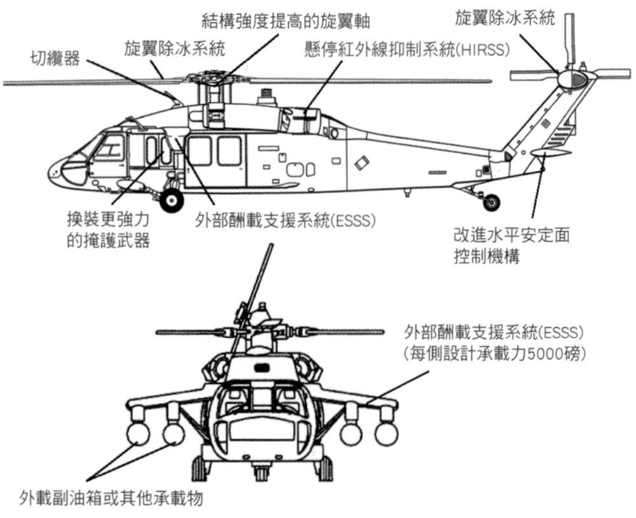

■ 為解決服役初期出現的主旋翼軸疲勞強度問題，塞科斯基在主旋翼軸中插入額外的連結桿(tie-rod)，提高主旋翼鈦合金軸的結構餘度加以解決，但新增的組件也帶來額外重量增加。

度（structural redundancy），解決了這個問題。然而這些改進措施也讓機體增加了不少重量。

除前述為解決操作問題而引進的改進措施外，量產過程中陸續添加的新裝備，也進一步惡化UH-60A機體重量攀升的問題。在這些新裝備中，最重要的是「懸停紅外線抑制系統」（Hover Infrared Suppressor System, HIRSS），以及「外部酬載支援系統」（External Stores Support System, ESSS）兩項。

由奇異公司（GE）發展的HIRSS懸停紅外線抑制系統，是1987年以後正式為黑鷹引進的設備，目的是降低包括懸停狀態在內、整個飛行範圍的發動機排氣紅外線訊跡。初期量產的黑鷹直升機雖也設置紅外線抑制系統，但只是簡單的在發動機排氣中混入空氣加以冷卻，只能在80節以上航速提供有效的訊跡抑制效果（80節以上航速才能引入足夠流量的冷空氣）。

不過當新的冷卻技術出現後，美國陸軍便提高了黑鷹直升機的紅外線抑制系統性能需求。透過整合在發動機艙尾段內部、由特殊形狀檔板形成的空氣滲入（air entrainment）與混合機構，可讓冷空氣與發動機排氣混合，冷卻後的排氣再透過主旋翼的下洗氣流打散。同時發動機艙尾段也增設新的外罩，避免從外部直視排氣。

藉由前述機構，即使在飛行速度為零的懸停情況，HIRSS系統也能將紅外線訊跡等級抑制在合適的範圍（所以這套裝置便被命名為「懸停」紅外線抑制系統），而且整套系統沒有活動機構，也減少維護需求。美國陸軍對HIRSS系統十分滿意，很快就將其納入標準構型，但連帶也給黑鷹機體帶來近200磅的額外重量。

ESSS外部酬載支援系統則是1983～84年間導入的另一項重要裝備，這是安裝在UH-60機體兩側的短翼結構物，每側均含兩個掛載點，結構本體由石墨環氧複合材料製成，其結構與相關電氣設備可以套件方式搭配任何一種UH-60使用，能直接在生產線安裝到新機體，或由操作單位在外場自行為既有的舊機體加裝。

■ 整合在發動機艙尾部的HIRSS系統，可在黑鷹直升機整個飛行範圍內都提供良好的紅外線抑制效果，但代價是機體重量因此增加了近200磅。

■ 安裝於UH-60兩側的ESSS外部酬載支援系統，最多可攜掛4具副油箱，延伸航程，但重量與阻力相對會影響飛行性能。

透過ESSS系統提供的4個掛載點，可讓黑鷹直升機攜帶外載副油箱，或是類型廣泛的武器裝備，每側的設計承載重量為5000磅。試飛結果証實，內側兩個掛載點可攜帶兩個450加侖副油箱，外側的兩個掛載點則能攜帶兩個230加侖副油箱。透過ESSS系統外載4個副油箱，搭配內載燃料，可讓UH-60擁有超過1150海浬的航程。

除副油箱外，塞科斯基也驗證了ESSS系統搭載不同武器系統的能力。首種被用來展示的系統是地獄火飛彈。塞科斯基與洛克威爾國際戰術系統分部合作，應陸軍要求在紅石兵工廠（Redstone Arsenal）進行了一系列UH-60/ESSS搭載地獄火飛彈的地面與飛行測試。試驗中，受測的UH-60A利用ESSS攜帶多達16枚地獄火飛彈，此外還在貨艙中攜帶了另外16枚，驗證了這種掛載組合的可行性。

除地獄火飛彈外，ESSS系統的4個掛載點也能用來攜帶2.75吋火箭莢艙，以及刺針、小牛與響尾蛇等各式飛彈，還能以莢艙方式在掛載點上安裝GAU-2B 7.62公厘minigun或M230 30公厘鏈砲。不過ESSS系統雖能帶來許多操作上的便利與任務彈性，也有增加額外阻力與重量、影響飛行性能的副作用。

除了HIRSS懸停紅外線抑制系統與ESSS外部酬載支援系統這兩大重點裝備，UH-60A量產過程中增加的新裝備還有：

・整合主旋翼與尾旋翼的旋翼除冰（de-ice）系統，原本旋翼除冰系統只是UH-60A的一項選用設備，但大約從1983年起，旋翼除冰系統便被列入量產標準配備，以擴大黑鷹直升機的部署範圍，讓該機在中等降雪環境下也能安全地飛行。

・在駕駛艙上方安裝切纜器（cable cutter），並為起落架增設支撐樑，用以防範低空飛行時遭到纜線糾纏而發生危險。

・將原本設在貨艙窗口標準掩護武器——M60D 7.62公厘機槍更換為M134 7.62公厘多管機槍，或GAU-19 .50口徑3管機槍等更強力的槍械。

・其他新增裝備，如選裝的救難吊索、飛行資料記錄器等。

而這些新裝備，也同樣造成機體重量進一步攀升，如M134、GAU-19等槍械雖然射速更高、威力更強，但彈藥消耗量與攜彈需求量也隨之增加，還需搭配更重、更複雜的附件。

動力性能提升的UH-60L

為解決UH-60A性能不斷衰退的問題，並因應日後升級需求，美國陸軍在1987年與塞科斯基簽約訂購新的改良型UH-60L。

■ ESSS外部酬載支援系統亦可讓UH-60外帶副油箱或類型廣泛的武器設備。如這架在紅石兵工廠試驗的黑鷹，就利用4個掛點攜帶多達16枚地獄火。不過這只是單純「掛載」試驗，黑鷹必須進一步改裝，才能發射與運用地獄火飛彈。 Sikorsky

■ 用0.50口徑的GAU-19替代原來設在貨艙窗口的M-60D機槍，可讓黑鷹直升機獲得更強大的掩護火力，但這些槍械不僅更重射速也更提高，連帶也必須攜帶更多的彈藥來因應，以致造成機體重量增加。 US Army

L型升級重點放在動力系統，包括升級發動機及提高主齒輪箱的耐久性，而這些改進措施，都得益於塞科斯基稍早在美國海軍SH-60B海鷹直升機計畫中發展的新技術。

考慮到海上作業的飛安需求，海軍的艦載直升機必須擁有較陸基型更大動力餘裕，以因應各種突發狀況。因此塞科斯基為美國海軍SH-60B海鷹直升機選用輸出功率1690匹軸馬力（shp）的T700-GE-401發動機，相較下陸軍UH-60A採用的T700-GE-700功率只有1543匹軸馬力，而且海軍型發動機不僅功率更大，耐久性也經過改進，以應付嚴苛海上作業環境。稍後又在1988年中引進功率提高到1890匹軸馬力的T700-GE-401C發動機，用於SH-60B與HH-60H/J，進一步拉大陸基型與艦載型的動力差距。

此外，海鷹直升機的主齒輪箱也透過增加齒輪面的寬度、強化輸出軸，並放大部份齒輪箱體，以便吸收、傳遞更大的功率，使額定輸出提高到3400匹軸馬力，相對的，UH-60A主齒輪箱的輸出功率則只有2828匹軸馬力。

UH-60L的性能改善：巡航速度

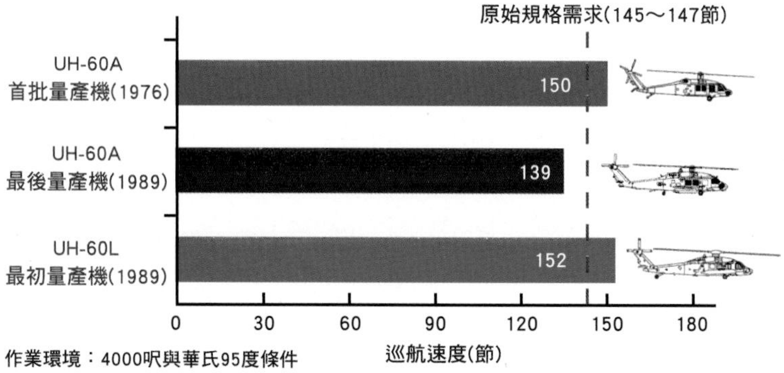

UH-60L的性能改善：垂直爬升率

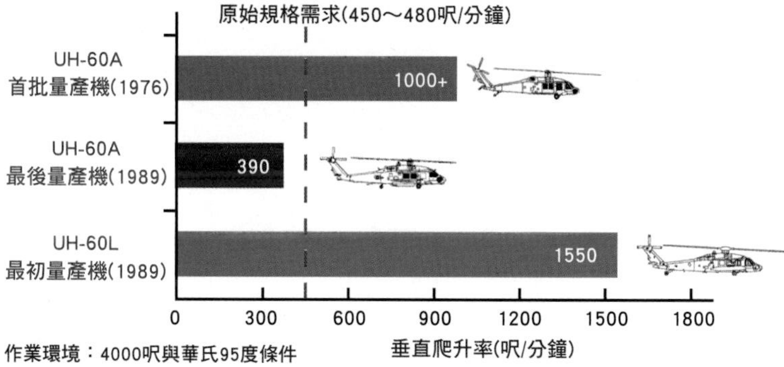

■ 由陸基通用型黑鷹直升機發展，但開發時間約晚了10年的海軍型SH-60海鷹直升機(圖為YSH-60)，其在動力技術的進步，也被轉用至陸基型黑鷹的性能提升上。

顯然的，只要直接引進SH-60B的動力單元，便能有效改善黑鷹直升機的飛行性能衰退問題。美國陸軍選用的新發動機是相當於海軍T700-GE-401C的陸基版本——T700-GE-701C，額定功率達1857匹軸馬力，可提供比被取代的舊型發動機多出14.5%的輸出。此外UH-60L也採用了海軍版的新型齒輪箱，3400匹軸馬力的額定輸出較舊齒輪箱提高20%。

藉由改進後的動力系統，新一代的黑鷹直升機終於恢復了應有的性能表現。儘管UH-60L空重還略高於最後一批量產的UH-60A，但在更強力的動力系統支持下，仍使巡航速度回復到陸軍的需求規格標準以上，爬升率更比後期型UH-60A超出近4倍，有效酬載增加3.7%，任務重量與最大起飛重量分別提高4.4%與7.3%。高溫、高

表3 UH-60L與UH-60A的性能對比

型號	UH-60A 原始規格(1976)	UH-60A 首批量產型(1978)	UH-60A 最後生產批次(1989)	UH-60L 最初生產批次(1989)
空重(磅)	10900	10387	11253	11426
任務總重(磅)	16540	16450	16803	16976
巡航速度(節)*	145/147	150	139	152
垂直爬升率(呎/分鐘)*	450/480	1000+	390	1550

＊4000呎與華氏95度條件。

■ UH-60L最大外部吊掛能力提高到9000磅，能吊起以往UH-60A無法吊掛的裝備，或改善現有的外部吊掛性能。

海拔環境的操作性能，也有相當程度的提升。

新的動力系統還能進一步提高UH-60L的任務執行能力，如外部吊掛能力便從8000磅提高到9000磅，可允許吊掛增配武器的M1036悍馬車（HMMWV）衍生型，如M1097復仇者（Avenger）防空飛彈車等，相較下，原來的UH-60A在吊掛這些配有額外武器、重量較基本型更重的悍馬車衍生型時，便經常會遇上困難（註11）。

註11：如復仇者武器系統的M1097重型悍馬飛彈發射車，重量就達到600磅，超出UH-60A吊掛能力上限。

除動力系統外，UH-60L的飛控系統亦有相當的改進。最初的UH-60L仍沿用UH-60A的增益穩定飛控系統，但考量到舊飛控系統不能充分發揮新動力裝置功率增長所帶來的效益，後來換裝為漢彌爾頓標準公司（Hamilton Standard）的自動飛控系統（Automatic Flight Control System, AFCS）。

AFCS自動飛控系統最初是為海軍型的SH-60與S-70B系列所發展，內含數位式的3軸自動駕駛與耦合操縱模式，另外還有專門的自動穩定功能，能在所有空速與懸停狀態下，提供自動的航向維持，以消除扭力引起的偏航。

透過AFCS系統，可減輕飛行員的操縱負擔，並提高飛行操縱的精確性，讓飛行員充分駕馭更強勁的動力系統。此外UH-60L還增加了尾旋翼的傾角（註12），這些改進讓UH-60L得以充分運用新動力系統提供的額外功率。另外L型的機體結構與零部件也更為耐用，所有零部件的疲勞壽命都提高到至少5000小時。

註12：黑鷹直升機的尾旋翼並不是以垂直方向安裝，而是帶有20度傾角，這種安裝方式除能讓尾旋翼產生抵銷主旋翼扭力的側向推力外，還能提供向上的拉力，有助於提高垂直面操作性能與酬載能力，並能延伸允許的機體重心範圍，便於在運載或吊掛大型裝備時，有更大的調整彈性。

UH-60L的改進項目

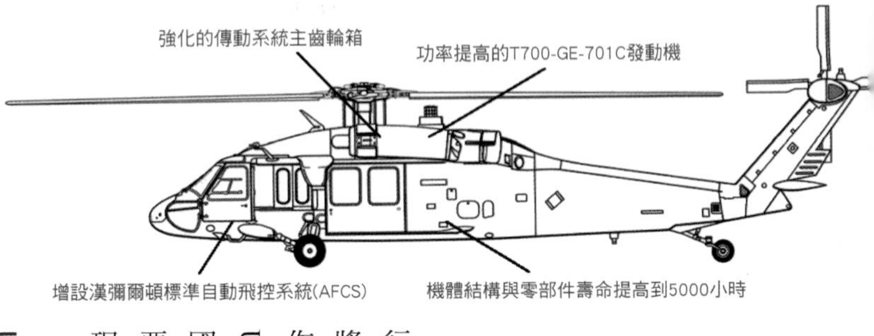

UH-60L的原型機在1988年3月22日進行首飛，稍後塞科斯基在1989年10月完成將黑鷹直升機生產線從A型轉換為L型的作業，稍後又改裝了2架預量產機，首架UH-60L則於同年11月7日交付給德州陸軍國民兵。此後L型便成為接下來20年最主要的黑鷹生產型，直到新一代的UH-60M出現為止。

UH-60M新世代黑鷹直升機

在UH-60L推出12年後，為使現役的黑鷹直升機機隊延長20～30年服役壽命，美國陸軍在2000年8月與塞科斯基簽定一份價值745萬美元的合約，以為暫時被稱作「UH-60L+」的新一階段升級方案，展開預備研究。

美國陸軍預定納入的升級方向包括：改善飛行性能、強化生存性、完全相容於即將到來的數化化戰場環境，以及增進操作效率，以便降低操作與維護成本。

稍後在2001年3月30日，美國國防獲得委員會（DAB）批准陸軍展開這項黑鷹

■ 美國陸軍現役UH-60A/L不僅機齡老舊，連年在海外嚴苛的戰鬥行動，使機身耗損衰退嚴重，進 一步惡化了操作／維護成本，因此有必要以新機型加以取代。 US DoD

直升機升級計畫。升級計畫獲准後，陸軍隨即在同年5月授與塞科斯基一份價值2億1970萬美元的研發、測試與評估合約，稍後又將這種新的改良型正式命名為UH-60M。

21世紀的新需求

大規模導入各式新技術的UH-60M，是黑鷹直升機自1970年代開始發展以來最重要的一種發展型。在旋翼系統的氣動力設計與材料技術、振動控制技術、座艙顯示與資訊整合技術，以及推進技術方面，UH-60M都有相當大的改進，藉由引進先進技術，可確保黑鷹直升機能滿足接下來25年戰場環境的需求。

設法降低黑鷹的操作與維護成本，是另一個促使UH-60M誕生的重要因素。隨著服役時間增加，UH-60A/L機隊逐漸接近設計壽命，再加上美軍連年在海外展開軍事行動，更進一步增加了黑鷹機隊的操作節奏，惡化原來就已隨著機齡增長而攀升的操作／維護成本。

此外，恢復因機體重量增加而減損的飛行性能，也是UH-60M的改進目標之一。上一代的UH-60L原本也是為了解決UH-60A重量增加、性能衰退的問題而誕生，然而在服役12年後，UH-60L本身也重演了當年A型的性能衰減問題。

不過L型重量增加的原因與A型不同，A型是因為增加與改進設備而導致空重增加，而L型本身的空重在10多年的服役期間一直保持很穩定的狀態，變化幅度只有2.5%。然而由於有效載重（Useful Load）需求不斷增加——隨著1990年代以後空勤與地面作戰兵員角色與能力需求的變化，UH-60直升機機組乘員與搭載部隊的人數，以及個人裝備重量都比以前增加，連帶也造成UH-60L任務重量攀升，以致影響到飛行性能。

載重能力要求的提高

1990年代發生兩項作戰變化，帶來了提高黑鷹直升機有效酬載的需求。

第一項是是增設專門的第2名機槍手。原本UH-60的標準搭載配置是3名機組乘員，加上11名全副武裝士兵組成的步兵班，3名機組乘員中，2名是飛行組員，即正、副駕駛，以及可兼任機槍射手的乘員長（crew chief）。但1名機槍射手只能操作一邊機側窗口的機槍（原則上UH-60的

■ UH-60標準編制只有1名可兼任機槍射手的乘員長，同一時間只能操作一側機槍。實戰經驗顯示，有必要再增設1名專職機艙手，以同時操作兩側機槍，取得更完整的地面壓制火力涵蓋範圍，但這須將機組乘員從3名增加到4名。 US Army

■ 隨著美國成年人體重在過去20多年間持續攀升，加上單兵裝備增加，同樣一個全副武裝的11人步兵班，總重量已較1970年代末期增加20%以上，這也對UH-60承載能力提出更高需求。 US Army

乘員長是坐在右舷），而歷來戰鬥經驗顯示，有必要再增加1名射手，以得到更完整的地面壓制火力涵蓋範圍。於是機組乘員的數量便需要從3名增加到4名。

第二項需求變化，則是單兵裝備重量的上升。當初美國陸軍在1972年制定UTTAS計畫需求時，是以搭載總重2640磅的11名全副武裝士兵為基準，也就是每名全副武裝士兵的重量被定在240磅（大約是109公斤）。

然而到了1990年代，由於作戰概念、戰場需求與技術變化，步兵個人裝具多了新型防護服（防彈／防破片背心與頭盔）、改進的通信裝備、新型觀瞄裝具（如夜視鏡），以及GPS定位系統等1970年代沒有的裝備，加上美國成年人平均體重在這20年間也呈現上升趨勢，因此1990年代平均每名士兵標準重量已提高到290磅（約131公斤），較1970年代的標準增加了20.8%。因此同樣是搭載11名全副武裝士兵的步兵班，但整個步兵班總重量在1990年代已提高到3190磅，較最初的基準多了550磅。

此外，1990年代的黑鷹直升機機組乘員本身的裝具重量，也較20年前增加數磅，正、副駕駛除了必需穿戴更完善的飛行裝具外，必要時還得佩戴夜視鏡，而且還要增加1名機組乘員。原先UH-60A/L的3人機組乘員標準總重量是725磅（平均每人241磅），而改為4人機組乘員後，總重量標準則提高到980磅（平均每人245磅），增加了35.1%。

總計前面兩項需求——增加1名機組乘員，以及每名乘員、與搭載步兵的平均重量增加，讓UH-60標準承載重量需求提高了約900磅。

對新一代的UH-60M來說，除了前述作戰需求變化所帶來的載重能力增強需求外，在座艙顯示系統、飛控系統、機體結構與生存性設備等方面的改進，同樣也對有效酬載提出了更高的要求。但挑戰在於，美國陸軍對於UH-60M的期望，不僅只於在提高有效酬載的同時，讓機體性能恢復到原有水準而已，而是希望UH-60M具備趨近極限的性能增長。

航電與次系統的升級需求

UH-60是基於1970年代技術的機型，隨著服役時間進入21世紀，許多設計在今日看來都已顯得十分老舊，跟不上時代，在座艙介面、任務航電、飛控系統等方面都亟待更新，才能因應未來戰場環境的需要。

如黑鷹採用的長條狀顯示器搭配指針式儀表構成的座艙介面，在1970年代的確

■ 維護中的UH-60A/L，到了1990年代，美國陸軍的黑鷹直昇機不僅在飛行性能上難以滿足要求，也面臨操作維護成本攀升，與機載系統落伍等問題。

算是相當新穎的設計，相較於1950～1960年代設計的直升機操作儀表，是個相當顯著的進步。

但以今日標準來看，這套類比指針式儀表不但提供的資訊有限、且資訊也缺乏整合，不利於飛行員在複雜環境下充分掌握週遭態勢，除操作負擔相當大以外，也無法融入當前的數位化戰場環境。此外，舊型的UH-60A/L在電戰裝備方面也缺乏某些關鍵系統，以致減損了在現代戰場上的生存性。

更大的缺陷在於基本航電架構方面，黑鷹由於設計年代較早，以致來不及引進新一代的數位匯流排架構，仍舊採用難以維護、又不易升級與整合新設備的直接纜線連接架構。

而從另一方面來看，要在21世紀繼續維持使用黑鷹直升機上那些1970或1980年代研製的機件與機載次系統，所需維護成本也日趨升高，而且零備件越來越難以取得，因此與其繼續使用，不如直接更新，將是更具效益的作法。

UH-60M技術特性——動力、航電、電戰與結構改良

美國陸軍對UH-60M提出的改進需求包括：改善飛行性能、強化生存性、相容於數化化戰場環境，以及增進操作效率、延長服役壽命、降低操作與維護成本。

針對前述要求，塞科斯基採取的改良措施可分為四個面向，包括：飛行性能與操縱品質的改進、引進新一代座艙顯示與整合技術、涵蓋範圍更完整的新型自衛電戰系統，以及可降低生產與維護成本的新機體結構。

UH-60M技術特性

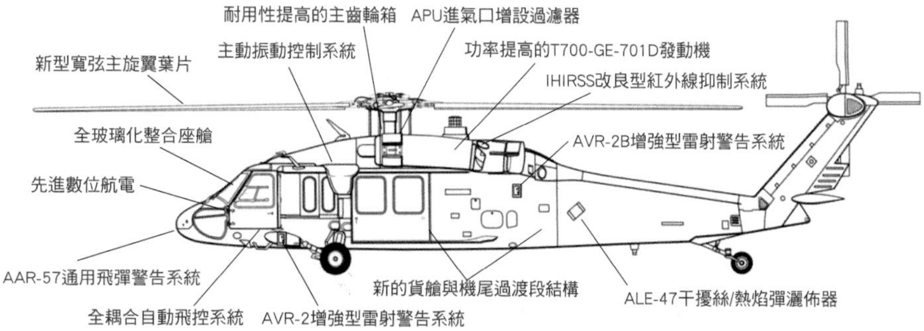

新型動力單元與主旋翼

為滿足美國陸軍對於提高酬載能力同時改善飛行性能的期望，塞科斯基為UH-60M引進了氣動力效率提高的新型旋翼葉片、功率更大的T700-GE-701D發動機，以及配套的傳動系統。

新型寬弦旋翼葉片的效率較舊葉片提高4％，可賦予UH-60M更高的航速與機動性。而T700-GE-701D發動機亦能提供較UH-60L使用的T700-GE-701C多出5％的功率輸出，並具有更好的耐用性。結合這兩者，可讓UH-60M增加近1000磅的載重能力，不僅足以抵銷重量的增加，還有餘力進一步提高飛行性能。

T700-GE-701D是T700系列發動機的第4階段改良型，改進了熱段部件，使功率提高到2000匹軸馬力等級（1994匹軸馬力），且熱段部件壽命亦提高2倍。在UH-60M上，新發動機將搭配改良型懸停紅外線抑制系統（IHIRSS）一起使用（考慮使用的型式包括奇異公司的HIRSS 2000或塞科

■ UH-60M是黑鷹直升機開始發展以來最重大的改進型，在旋翼系統與材料技術、振動控制、座艙顯示與資訊整合，以及動力方面都有全面更新。 US Army

斯基的Advanced IRSS），若要部署到沙漠區域操作，還可在進氣口增設過濾器，配合發動機內含的粒子分離器進一步提高過濾效果。

除UH-60M外，美國陸軍也打算為AH-64D Block III換裝這款發動機，讓AH-64與UH-60兩大主力機隊都升級到相同的最新一代T700發動機。

至於全複合材料寬弦主旋翼葉片，則是塞科斯基自1990年代初期就開始研發的新技術。黑鷹直升機原來使用的主旋翼葉片翼型，可算是直升機技術發展史上的一大成就，傳統旋翼翼型一直無法解決兼顧垂直作業與高速飛行性能的問題，而塞科斯基藉由弧形翼剖面、高度非線性扭轉與翼尖後掠等特性結合，成功達到兼具良好垂直作業與高速性能的效果。

基於黑鷹直升機既有的旋翼技術，塞科斯基在1990年代初期又發展了新的旋翼翼型，新翼型具有新的翼剖面，葉片弦寬增加16%，並有新的後掠翼梢造型，藉此可使升力效率提高4%，提供額外470磅升力，有助於改善高溫、高海拔環境下的操作性能。此外並以複合材料翼樑取代原來的鈦合金製翼樑，除能降低製造成本外，還能在保有原有抗扭剛度（torsional stiffness）之餘，提供更高的疲勞強度與生存性。

塞科斯基從1993年12月起，就在該公司佛羅里達西棕櫚灘廠區，以UH-60L進行寬弦旋翼葉片的試飛，驗證了預期的效率，以及與UH-60機體與傳動系統的動力適應性，原訂1997年便能開始換裝，不過美國陸軍直到幾年後的UH-60M計畫中才正式採用這種新葉片，另外塞科斯基自費發展的S-92直升機也選用這種旋翼翼型。

UH-60M相對於UH-60A與UH-60L的性能改進參見表4與表5。由表4可知，UH-60M的空重雖然比A型與L型分別高出10.7%與6.09%，但任務重量大有增長，分別比A型與L型高出與14%與9.4%，有效載重更分別較A型與L型提升20.5%與

■ UH-60M採用的新旋翼翼型擁有加寬16%的翼弦與新的下垂式翼尖構型，可提供470磅的額外升力，並能改善機動性。

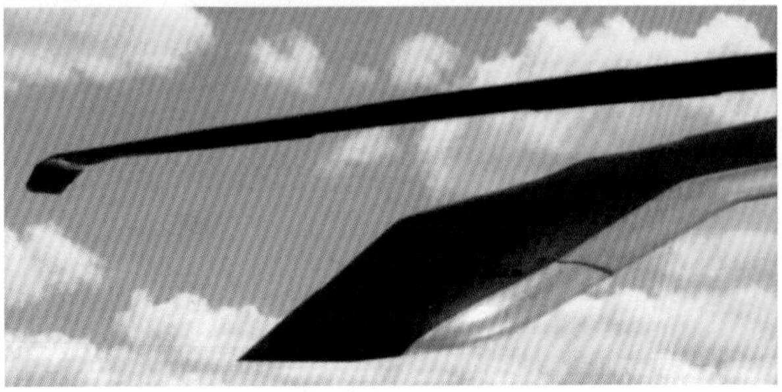

UH-60M寬弦翼型與原有翼型的比較 Sikorsky

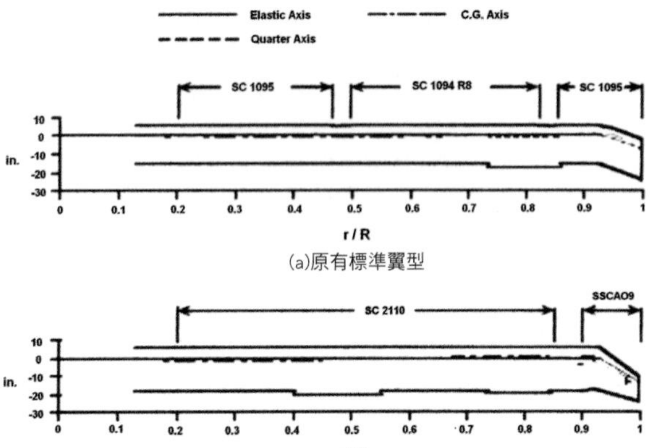

(a)原有標準翼型

(b)寬弦翼型

表4 UH-60M與UH-60A/L任務重量比較

機型		UH-60A	UH-60L	UH-60M
空重(磅)		11284	11782	12511
任務重量(磅)		16994	17706	19398
最大起飛重量(磅)		20250	22000	22000
有效載重(磅)		5710	5924	6882
內部酬載(磅)		2640	2640	3190
承載標準	乘員(磅)	725(3人)	725(3人)	980(4人)
	兵員(磅)	11×240	11×240	11×290

表5 UH-60M與UH-60A/L飛行性能比較*

機型	UH-60A	UH-60L	UH-60M
總重16800磅下的巡航速度(1)	140節	155節	151節
總重16800磅下的垂直爬升率(2)	377呎/分鐘	1315呎/分鐘	1646呎/分鐘
總重18000磅下的垂直爬升率	0呎/分鐘	592呎/分鐘	994呎/分鐘

(1)以100%最大連續輸出功率為準。　(2)以95%中間功率為準。
＊環境條件：4000呎高度與華氏95度氣溫。

UH-60M有效載重的增長

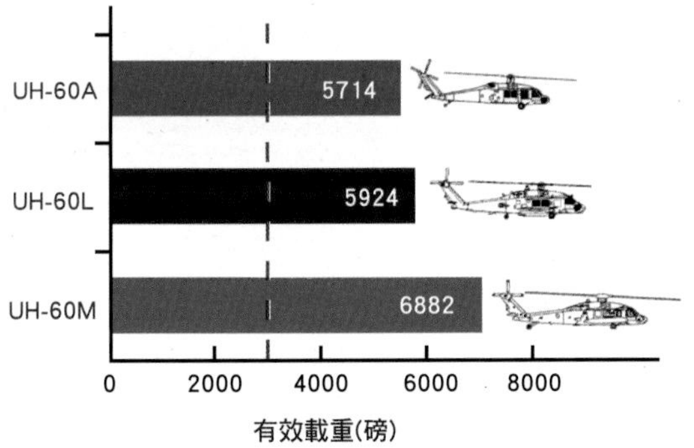

■ S-92雖然是塞考斯基針對民用與救難直升機市場而開發，但該機開發的各項最新技術也能應用到黑鷹直升機系列，例如複合材料與改善振動性等。

16.1%，至於最大起飛重量則維持與UH-60L相同的22000磅。

飛行性能方面，從前面的表3可看出，由於增設天線與外部系統所帶來的阻力增加，導致UH-60M的巡航速度較L型稍有跌落，不過這對任務效能並沒有太大影響。而且UH-60M的爬升性能較L型與A型大有改善，特別是在重酬載情況下。如在輕酬載時，UH-60M的爬升率較L型高25%，而在重酬載時，則能比L型高出67%。酬載越重、起飛重量越大，就越能看出UH-60M的性能優勢。

主動振動控制技術

UH-60M的許多新設計都得益於塞科斯基自費開發的S-92直升機，特別是此處將要介紹的主動振動控制技術。

S-92是塞科斯基從1990年代初期開始自費開發的中型運輸直升機，其設計以S-70黑鷹系列為基礎，但具有更大容積的19人座貨艙與更大的有效載重，能同時滿足美國聯邦飛航總署（FAA）適航認證，與軍規使用的生存性、多任務能力與戰場操作能力需求。

此外塞科斯基還在S-92上導入了許多新技術，包括曾獲得表彰美國航空界最高技術成就的2002年庫利爾獎（Collier Trophy）的故障安全防護（Fail-Safe）彈性旋翼槳轂，以及曾在UH-60L上驗證過、後來為UH-60M選用的新型主旋翼葉片。

此外S-92也是在飛機振動控制工程領域，率先採用主動自適應技術（Active Self-Adaptive）抑制機體振動等級的先驅。透過這項技術的應用，可在不帶來過高重量代價的情況下，獲得可接受的振動等級。

黑鷹直升機在發展初期的YUH-60A試飛階段，曾受振動過大的問題所困擾，雖然YUH-60A的振動問題並不比當時既有的直升機嚴重，但比美國陸軍在UTTAS計畫中規定的垂直方向4P（4-per-revolution）振動等級標準高出不少。後來塞科斯基藉由抬高旋翼安裝位置、在前部機艙頂部安裝減振器、在駕駛艙到貨艙間隔框底板上增設強化用的石墨纖維條等方式，將振動水平降到0.1G以下，但與陸軍原來的0.05G標準仍有差距，而且這些減振措施也給機體帶來額外的重量。

而S-92則透過「主動振動控制系統」（Active Vibration Control System, AVCS）降低了機體的4P振動。AVCS可免除像黑鷹一樣安裝彈簧質量（spring-mass）減振單元的需求，減輕了重量，還能在旋翼速度超出標準值以外時保有減振能力，不像被動的減振器遭遇超出設計的頻率時，會有效率大幅衰減的問題。

AVCS主動振動控制系統是種分散安

■ UH-60M主動振動控制系統的力量產生器(Force Generator)與其致動器以及控制電腦，可在不增加多少重量下，有效抑制機體運轉產生的振動。 Sikorsky

裝在機體各處、降低特定機體區域振動的元件，透過安裝在需要機體部位的力量產生器（Force Generator），主動產生振動以減輕或抵消該區域的振動。這套系統的核心是用來計算力量產生器指令的閉迴路演算法，可藉由安裝在駕駛艙與貨艙的加速器，量測各部位振動數值，然後計算出各力量產生器所需指令以使振動降到最小。

這套反饋控制演算法可處理轉速（tachometer）信號，提供頻率與相位資訊，還可處理經由加速器所傳回的機體各區域振動數值。利用AVCS電腦求出力量產生器所需的指令並傳遞給電子單元，這些電子單元可將AVCS主動振動控制發出的數位信號轉換為類比信號，然後發送給力量產生器的電動馬達。這些電動馬達可透過驅動對轉的偏心質塊（eccentric），產生強度與頻率合適的力量，從而抵銷或減特定輕機體部位的振動。

UH-60M的前部貨艙頂部安裝有可產生1000磅力量的力量產生器，代替了原有笨重的彈簧質量減振器。此外，在左起落架位於機身上的短艙，以及機鼻處，還各有1個可產生450磅力量的力量產生器。

航電、座艙顯示與飛控系統的改良

航電與座艙介面是UH-60M計畫的一大改進重點，以便讓1970年代初期設計的黑鷹直升機，能藉由引進新的座艙顯示與數位航電技術、數位飛控元件與開放標準架構，擁有符合當前最新軍用航空標準的整合航電架構。

■ 改進後的UH-60M座艙(右)擁有4個大型彩色多功能顯示器，與UH-60L繁複的指針式儀表相比(上)，可看出航電技術在過去30年間的巨大進步。 US Army

UH-60M座艙佈置，一改原先UH-60A/L那種陳舊的1970年代類比指針式風格，成為新穎、符合當前潮流的數位化玻璃座艙。航電架構也捨棄過去老舊、又不易維護與升級的直接纜線連接，改為以雙重冗餘1553B數位匯流排為基礎的數位化整合航電架構。此外機上所有系統使用的電纜，也都換成符合美國政府電磁環境效應（E3）需求標準的新型式，以改善電磁相容性。

UH-60M的新型座艙儀表以洛克威爾·柯林斯（Rockwell Collins）提供的電子飛行資訊系統（Electronic Flight Information System, EFIS）為核心，採用4具6×8吋彩色LCD顯示器做為主要的飛行操作與顯示介面，可提供飛行狀態、導航與戰術資訊的顯示。

這組顯示器還擁有整合了漢寧威（Honeywell）嵌入式GPS／慣性導航系統（EGI）的數位移動地圖顯示功能，可即時顯示機體當前位置與週遭地形資訊。此外還能透過新安裝的改良型資料數據機（IDM）作為中介，利用機載通信系統連接陸軍標準的FBCB2藍軍部隊追蹤系統（Blue Force Tracker, BFT），以便與陸軍其他BFT平臺共享情資，並在顯示器上顯示、判別

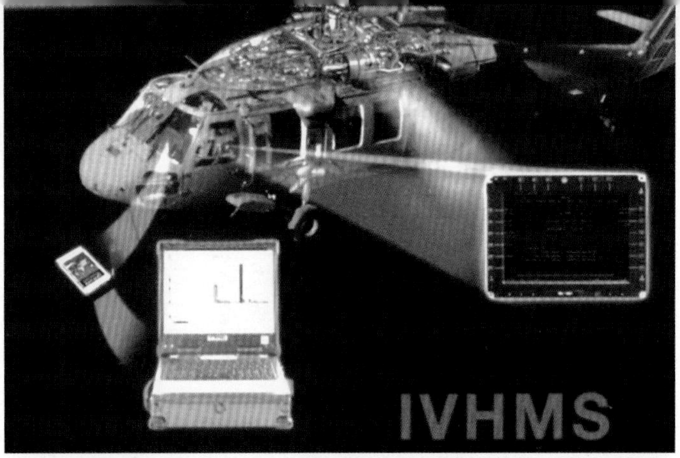

■ 整合載具健康管理系統(IVHMS)除了可向飛行員提供機載系統狀況的顯示外，也有供地勤使用的手提式管理控制臺，可自動從機載IVHMS收集維護作業所需資訊，下圖為美軍技師透過座艙儀表多功能顯示器，使用該系統。Sikorsky／US Army

友軍位置（註13）。

註13：在UH-60M之前，美國陸軍的AH-64D、OH-58D，及UH-60系列的UH-60Q與HH-60L兩種救護型都已安裝IDM改良型資料數據機，UH-60M則是UH-60系列中第3種安裝改良型資料數據機的機型。

導航系統方面，UH-60M除增加嵌入式GPS／慣性導航系統，還增設1套ARC-231太康系統（TACAN），搭配UH-60系列原有的特高頻多向導航（VOR）、自動測向器（ADF）、都卜勒導航系統與羅盤共同運作。至於通信與敵我識別系統則大致維持在後期型UH-60L水準。

除前述基本飛航系統外，UH-60M儀表板上還設有1套固力奇公司（Goodrich）的WX-1000閃電偵測器（Storm scope）（已用在UH-60Q與HH-60L），以及1套飛機生存設備（ASE，即自衛電戰系統）顯示器。

至於整個UH-60M座艙系統所需的控制、管理與資訊整合功能，則是加拿大馬可尼（Canadian Marconi）公司的兩部CMA-2082M先進數位飛行管理電腦，負責導航感測器、通信系統、顯示器、任務航電與其他機載系統的資料整合與中央管理。

為強化機載系統的任務可靠性，UH-60M也引進一套固力奇公司的整合載具健康管理系統（Integrated Vehicle Health Management System, IVHMS），其包含可提供各機載次系統運作狀態即時資訊的健康與使用監控系統（Health & Usage Monitoring System），具備抗墜毀能力的座艙語音與飛行資料紀錄器（Cockpit Voice/Flight Data Recorder），以及可由落水激發的聲訊信標（便於墜機後搜尋），一組LRU便兼有過去必須透過多套系統才能提供的多種功能（類似系統已安裝在MH-60K與CH-47上）。

UH-60M的飛控系統亦有所更新，導入了1套可提供穩定增益、微調與飛行路徑穩定功能的4軸全耦合（full coupled）自動飛控系統，以新的先進飛控電腦（AFCC）替換了UH-60原來使用的穩定增益控制系統（SAS）／飛行路徑穩定（FPS）電腦。

透過新型座艙儀表與改進的飛控系統，可有效減輕駕駛員的操縱負擔，有助於提高對於週遭環境與戰術態勢的掌握能力，並改善在不良視線環境下的操控精度與安全性。

另外值得一提的是，塞科斯基還特別縮短了UH-60M儀表板的長度，可改善駕駛員透過機顎窗戶觀察機頭下方情況的視野，同樣有助於提升飛行安全性。

高壽命結構

在UH-60M初期設計階段，塞科斯基發現，若貨艙與貨艙—尾桁過渡段主結構改用由高速機械整體加工的隔框與縱樑製成，將比沿用既有幾乎全由鉚釘組裝的生產製程，大幅節省機體生產成本，進而有助於抵銷導入新式整合座艙所帶來的成本增加。

這種由新製程製造的貨艙與貨艙—尾

桁過渡段結構，不止被用在新造的UH-60M機體，由舊機透過重製升級到M型標準的機體，也都會改用新結構，以提高機體結構可承受的墜落受損速度上限、並提供更大的內部承載強度。

除了新的機體結構外，UH-60M還改用新的抗墜落衝擊乘員與客艙座椅，新型座椅除擁有能量吸收功能外，還有更好的適應性，能適應體重範圍更寬廣的男性與女性乘員使用。另外駕駛座還擁有防撞充氣氣囊保護系統，可在遭遇急驟減速的衝擊時保護駕駛員。

自衛電戰系統

長期以來，由於美國陸軍的UH-60A/L機隊規模龐大，為節省成本，一直只配備最基本的電戰系統，包括雷神的APR-39(V)1雷達警告裝置（RWR）、桑德斯ALQ-144A(V)1紅外線反制系統，以及BAE系統的M-130干擾絲／熱焰彈灑佈器。只有負責特種任務的MH-60K、HH-60G等少數機型，才會配備更高檔的AVR-2雷射照射偵測器、ALQ-212先進威脅紅外線反制系統（ATIRCM）與AAR-47飛彈警告系統等設備。

雖然美國陸軍曾在1989年開始的「增強型黑鷹」計畫（註14），為部份UH-60A/L加裝APR-44(V)3連續波接收機，輔助只能偵測脈衝信號APR-39的運作，但仍沒改變UH-60A/L自衛電戰能力不足的問題，缺乏對雷射及紅外線導引飛彈的警示能力，難以因應現代戰場上的生存性需求。

註14：「增強型黑鷹」計畫的重點在於改進導航與通信系統，除增設APR-44外，主要是為UH-60A/L加裝BAE系統的ARN-148 Omega導航系統接收機、摩托羅拉AST-5B UHF衛星通信收發機，與漢寧威ARC-199 HF單邊道（SSB）無線電。

■ 可安裝在各種直升機的AN/AVR-2B雷射偵測系統，成為UH-60M基本配備，也因為美國陸軍過去的黑鷹直升機在自衛電戰系統上較為簡單，也成為其UH-60M辨識特徵之一。 US Amry

比起只有陽春版自衛電戰系統的UH-60A/L，UH-60M的電戰系統得到相當大的改進。將增設雷神的AVR-2B(V)增強型雷射警告系統，以及BAE系統的AAR-57通用飛彈警告系統（CMMS），彌補早先在這兩方面的不足。

而老舊的M-130干擾絲／熱焰彈灑佈器也將被BAE系統新的改良型反制灑佈器（ICND）取代。至於原來的APR-39與ALQ-144則繼續保留，但APR-39(V)1更新為改良後性誠顯著強化的新版本APR-39A(V)4。

抗墜毀外載燃油系統

UH-60的內載油箱具有抗墜落衝擊設計，而UH-60M還將引進同樣具有抗撞擊

■ 第101空中突擊師第4航空營是首個接收UH-60M基本型的美國陸軍作戰單位，照片為該師接收的首批30架UH-60M其中之一，展示時也包含ESSS外載支援系統掛架，日後還能搭配新式抗撞副油箱。 US Army

性能的外載油箱，稱作「抗撞外載燃油系統」（Crashworthy External Fuel System, CEFS）。在UH-60上，外載油箱是與增程燃油系統（Extended Range Fuel System, ERFS）配合運作，由ERFS系統將副油箱的燃油輸送到機體的主燃料箱。

UH-60M的ERFS系統包含兩個主要組件，一為兩具230加侖的CEFS抗撞副油箱（註15），另一為安裝在ESSS外載支援系統掛架上的兩組BRU-22A彈射滑軌。

註15：搭配UH-60外載支援系統用的副油箱有230與450加侖兩種，不過CEFS抗撞副油箱目前只有230加侖一種，且由於增添了保護措施，實際容量僅200加侖。

試飛與升級計畫──從舊機升級到全新生產

在美國陸軍與塞科斯基簽訂的UH-60M發展合約中，規定塞科斯基需建造並交付4架原型機，其中3架是由舊機體改造而成（1、2與4號機），剩餘1架則為新造機體（2號機）。原型機建造工程從2001年11月正式開始，3架UH-60機體被送到阿拉巴馬的Troy進行拆解與評估，部分結構在Troy當地進行重建，然後再送到塞科斯基位於康乃狄克州Stratfort廠進行後續重建，以及動力系統部分元件的組裝。

第1架UH-60M原型機是由編號85-24432的UH-60A機體改造而成，第2架原型機機體則是來自編號89-26217的UH-60L，第3架機體（實際上應算是4號機）則是由1架編號77-22716的UH-60A改裝，這架機體被改為HH-60M救護後送構型。

首架UH-60M（改裝後編號改為02-26976）的首飛在2003年9月17日於塞科斯基西棕櫚灘測試場進行，在試飛中達到120節航速，並進行了45度迴轉。接下來2號機（改裝後編號為02-26977）與3號機（改裝後編號02-26978）則分別在2003年10月與2004年1月首飛。

■ 2003年9月17日於塞科斯基位於佛羅里達西棕櫚灘測試場進行試飛的首架UH-60M原型機，這架機體是由1架UH-60A改造而來。 Sikorsky

至於完全新造的3號機（編號02-26969），則是在差不多1年半以後的2005年4月才出廠加入試飛工作。

採購計畫的轉向

按美國陸軍最初在2001年3月提出的規劃，UH-60M計畫將分為兩個階段，第1階段的構型稱為Block 1，目的是滿足近期需求，由舊的UH-60A/L升級新的整合航電與數位座艙，並進行機體延壽而成，透過結構翻新可使操作時數歸零，能保證延長25～30年操作壽命，但性能與酬載能力仍維持在UH-60L的水準，這種構型又稱作

■ 美國陸軍原本計畫以UH-60A/L分階段翻修改裝，獲得大部分的UH-60M，後來才改為以製造新機為主。可見到圖中機體的發動機進氣口增設有過濾器。

UH-60L+。

第2階段構型稱為Block 2，目的是針對長期需求，將引進新的發動機技術，包括輸出功率提高到3000匹軸馬力等級、同時降低燃油消耗率的新發動機，並擴大油箱，以便提高航程與運載能力，另外還將整合新的射頻（RF）與紅外線反制系統，從而提高戰場生存性，這種構型又被稱作UH-60X。

原訂低速率初始量產（LRIP）將從2004財年開始，並從2007財年開始以每年70架的速度進行全速率生產直到2024財年，其中60架為舊機升級，10架為新生產的新機。稍後到了2002年初，美國陸軍修訂UH-60M發展與生產計畫，將生產時程壓縮到2020財年為止，但全速率生產量提高到每年90架，同時全部生產機型也都將全面裝備T700-GE-701D發動機。

當時美國陸軍確認的UH-60M數量包括總數1217架由舊機升級的機體，包括906架UH-60A與311架UH-60L，另外還將採購300架全新建造的機體，計畫總金額估計為208億美元。

在原型機陸續開始試飛後，陸軍於2004年2月授與塞科斯基一份價值4000萬美元的合約，要求該公司在2006財年交付4架預量產構型機體，以便與4架原型機一同加入試飛計畫。

不過到了2005年1月，整個計畫出現180度的大轉變，美國陸軍經過進一步成本精算後，認為購買新造機體要比升級舊機體更划算。分析顯示，升級舊機與購買新機間的成本差異只有13%，但升級舊機將牽涉到對大量老舊、高操作時數機體與零部件的翻修，相關工程不僅程序繁瑣，而且高齡組件的翻新延壽效果也不易預測，考慮當時UH-60A機隊的平均機齡已接近20年，UH-60L機隊平均機齡也將近10年，針對這些老舊機體的翻新工程成本，甚至可能還比新造機體更貴。

於是美國陸軍決定放棄將UH-60A/L舊機體升級成UH-60M的打算，改為購買1213架全新建造的UH-60M（註16）。陸軍先是取消了原定在2005財年進行的舊機改造與後續量產的先期採購計畫，並向國防部申請將原本編列在2006～2011財年的升級計畫費用，轉為供採購新機使用。

註16：雖然以舊機體升級為UH-60M的計畫已經放棄，但陸軍每年還是會編列預算，分批將部分UH-60A升級到UH-60L的標準，並換裝與M型相同的T700-GE-701D發動

■ 新一代的UH-60M(上)與HH-60M(下)黑鷹直升機目前均已配發部隊服役，不僅被美國陸軍投入阿富汗等海外戰區，部分也配發給各州國民兵使用。 Sikorsky

機（從2009財年開始每年升級38架）。

由於UH-60M採購計畫的變更，將對整個國防投資政策與直升機產業造成非常大的衝擊（塞科斯基將因此獲得龐大利益），因此美國陸軍在說服、折衝與協調方面花費了許多時間。

當各方還在評估美國陸軍的新購機計畫時，國防部國防獲得委員會在2005年3月31日，先行批准陸軍展開新造UH-60M的低速率初始量產（LRIP）工作，同意購買首批22架低速率量產機體，並附帶到2006財年前可將採購數提高到不超過40架的條款。

塞科斯基隨即在同年4月展開低速率初始量產作業，14個月後，首批新造的UH-60M低速率初始量產機體，於2006年6月31日正式交付給美國陸軍。此時4架原型機與4架預量產機也已累積了850小時的試飛時數，稍後在同年10月，便由2架低速率量產機體搭配4架預量產機組成評估單位，開始初始作戰評估（Initial Operational Evaluation, OPEVAL）。

經過近兩年的辯論與折衝後，美國國防部終於在2007年12月確認同意陸軍購買全新UH-60M的計畫，授權陸軍採購總數1227架的新造UH-60M（含由UH-60M為基礎衍生的HH-60M）。

國防部除批准陸軍展開UH-60M全速率量產外，也同意了陸、海軍聯合與塞科斯基簽訂一份為期5年（2007～2012）、採購537架H-60系列直升機的74億美元合約（包括UH-60M、HH-60M、MH-60R與MH-60S四種機型），合約還附帶價值11億6000萬美元的263架選擇權。

基於國防部這項多年度採購授權，美國陸軍目前在2008～2012財年的量產計畫中，共排進146架UH-60M與95架HH-60M。

不過在2008年10月時，媒體又傳出美國陸軍打算將UH-60M總採購量削減300架的消息，這將使總需求量降到1000架以下。但這項削減採購計畫至今尚未落實，美國陸軍的H-60M系列需求規劃還是以總數1235架為準（含4架原型與4架預量產型）。

除美國陸軍外，有巴林與阿拉伯聯合大公國分別透過外國軍售（FMS）管道訂購了9架與14架，埃及與台灣也已分別提出採購4架與60架UH-60M的需求，伊拉克政府也在曾經探詢採購12架的可行性。（阿聯最初在2006年7月提出的需求數是26架，後來在2008年9月變成14架。）

■ 巴林在2009年12月1日接收其首架UH-60M，也成為首個UH-60M外銷用戶，機身採灰色塗裝，機首安裝前視紅外線轉塔(上)；瑞典則是UH-60M另一個用戶(下)，兩國訂購的機體都已完成運交。 Sikorsky

到2009年10月為止，美國陸軍已接收了超過145架UH-60M，塞科斯基在2009年3月25日舉行將第100架UH-60M交付美國陸軍的慶祝儀式，很快又在同年9月30日向美國陸軍交付了第145架。

另外值得一提的是，美國聯邦調查局（FBI）也在2009年6月15日接收了該單位訂購的3架UH-60M中的第1架，使聯邦調查局成為美國陸軍以外第1個獲得UH-60M

■ 除軍方客戶外，UH-60M也獲得美國國內外的國安與警方單位青睞，圖為墨西哥警察採購的UH-60M。 Sikorsky

的用戶。稍後美國海關與邊防局（CBP）也在同年7月30日接收了第1架UH-60M，該局的總需求數為4架。

UH-60M亦已投入第一線部隊服役，第101空中突擊師的第4航空營在2007年11月成為首支接收UH-60M的陸軍作戰單位。駐阿富汗美國陸軍也已開始操作UH-60M，該機在戰區的表現相當良好。

美國空軍的UH-60M需求

除了美國陸軍外，美國空軍也在2010年初考慮引進UH-60M。先前美國空軍也操作一批用於戰鬥搜救任務的黑鷹直升機，即著名的HH-60G鋪路鷹（Pave Hawk）。不過美國空軍考慮採購的UH-60M，並非用於接替HH-60G，而是用於替換用於洲際彈道飛彈基地巡邏與VIP人員運輸任務的62架UH-1N，美國空軍將這項計畫稱作「通用垂直載重支援平臺」（Common Vertical Lift Support Platform, CVLSP），預定總需求量為93架。

為節省經費，美國空軍的UH-1N替代案並不打算採行公開競標，而是希望透過美國陸軍的中介，向塞科斯基採購新造的UH-60M。不過這種做法也引起一些爭議，歐洲的奧古斯塔威斯特蘭（AgustaWestland）公司，也打算以該公司的AW139參與美國空軍的UH-1N替代案，若美國空軍不透過競標而直接內定選用UH-60M，將損及該公司權益。奧古斯塔威斯特蘭認為，塞科斯基的UH-60M固然能滿足美國空軍CVLSP直升機的需求，但卻有能力過剩之嫌，相形下，AW139就是一個較合適的選擇。

■ 美國空軍目前還保有較少量的UH-1N直升機，作為行政運輸與人員運輸用途，空軍雖一度有意直接以UH-60M汰換該機，但目前又回到競標程序。 USAF

除了參與美國空軍CVLSP計畫，塞科斯基也在2010年7月時與洛馬公司組成團隊，以UH-60M為基礎，參與美國空軍重組後的新一代戰鬥搜救直升機計畫（CSAR-X）計畫。

HH-60G鋪路鷹（Pave Hawk）機隊近年來飽受老化與數量不足之苦，美國空軍歷來引進的111架中，到2010年時只剩101架，2012年時，保有的99架中只有93架能飛，隨著機隊持續老化，預期到2015年時的任務可用率將降到50％以下，尋找替換機形已是燃眉之急，但新一代戰鬥搜救直升機計畫（CSAR-X）卻又遭遇難產困境。

美國空軍原先曾在2006年12月選擇波音HH-47方案作為CSAR-X計畫的獲勝者，預定採購141架以取代現役的HH-60G。不過競標失利的塞科斯基（提出HH-92方案）與洛馬／奧古斯塔威斯特蘭（提出HH-71方案）向國會審計總署（GAO）提出申訴，審計總署的審查結論也認為空軍的評選過程存在瑕疵，建議重啟競標。美國空軍雖曾試圖繼續進行HH-47採購案，但未能成功，最後仍被迫在2007年2月接受審計總署建議終止採購案，並從2008年重新展開CSAR-X競標。

■ 美國空軍的HH-60鋪路鷹戰鬥搜救直升機因為服役時間較久且耗損嚴重，成為美軍當中最迫切需要汰換的一批飛機。 USAF

然而隨著美國國防部與空軍高層人事的更迭，新一輪CSAR-X競標並未能順利進行。2006年底上任的國防部長蓋茲（Robert Gates）並不支持這個計畫，認為CSAR-X的計畫管理與預算控制已逐漸失控，而原先CSAR-X計畫最有力的支持者——空軍參謀長摩斯里（Michael Moseley）也在2008年8月除役，最後蓋茲在2009年4月6日宣佈取消CSAR-X，要求空軍重新檢討搜救直升機需求。

有鑒於HH-60G機隊老化情況已嚴重到影響值勤的程度，替換計畫不能再繼續延宕下去，存在著採購一種過渡型的商機於是塞科斯基便與洛馬合作，由塞科斯基提供UH-60M機體，搭配洛馬的航電，推出一種新型戰鬥搜救直升機（可能定名為HH-60L）。相較於先前CSAR-X考慮採用的較大型HH-47機體，這種以UH-60M為基礎的機型有成本較低、交貨迅速等優點。

21世紀真正骨幹—UH-60M升級型

UH-60M只是美國陸軍黑鷹直升機升級計畫的起步，依陸軍規劃，基本的UH-60M與HH-60M量產作業將只持續到2012財年為止，總數也只有241架，充其量只能算是一種過渡型式。從2010財年開始，生產線便將轉往生產下一階段的量產型——UH-60M升級型（Upgrade）。

簡稱為「UH-60Mu」的UH-60M升級型，才是真正能滿足美國陸軍長期需求的新一代黑鷹直升機，這種機型是基於UH-60M的延伸發展，除了包含UH-60M的所有改進項目外，還納入通用航電架構系統、線傳飛控系統與全權數位發動機控制系統等三項重大更新：

・**通用航電架構系統（CAAS）**：乍看下，UH-60Mu的座艙儀表與UH-60M似乎大同小異，同樣都是佈滿大尺寸LCD顯示器的玻璃化座艙，但底層架構卻大不相同。

■ UH-60Mu的座艙是基於通用航電架構系統(CAAS)，可與陸軍其他類型直升機共享通用的硬體平臺與軟體架構。 Rockwell Collins

UH-60Mu的座艙顯示與航電系統屬於美國陸軍「通用航電架構系統」（Common Avionics Architecture System, CAAS）的一環，這項由洛克威爾・柯林斯公司承包的計畫，目的是在陸軍各式直升機之間，建立一套基於開放系統的共通裝備軟、硬體與訓練架構，讓包括CH-47F/MH-47G、MH-60K/L、ARH-70與UH-60M在內的不同類型直升機，共享相同的座艙顯示航電硬體平臺與軟體架構，達到降低後勤成本、簡化訓練流程的目的。

除了美國陸軍外，美國政府其他單位如海岸防衛隊與陸戰隊，也分別為其MH-

60T、CH-53E/K與VH-60N選用了「通用航電架構系統」架構。

・**數位線傳飛控系統（Fly-By-Wire, FBW）**：UH-60Mu將是美國陸軍第一種採用線傳飛控的量產型直升機，引進一套雙頻道、三重冗餘的數位線傳飛控系統，取代原來傳統的機械式增益穩定飛控系統。這套線傳飛控系統由兩套資料／信號傳輸頻道，與3部漢彌爾頓標準提供的飛控電腦構成，並搭配了改進的伺服機構與電氣、液壓元件，可提供低速與高速迴轉協調、自動高度維持、自動飛行路徑、航向、懸停、速度、位置維持等控制模式，即使在低速或視線不良的環境下，也能提供良好的操縱品質。

UH-60Mu線傳飛控系統的控制率模式與適用速度範圍 Sikorsky

AACVH：高度/加速指令，速度維持。 ACAH：高度指令，高度維持。
AACHH：高度/加速指令，懸停維持。 HRDH：航向率指令，方向維持。

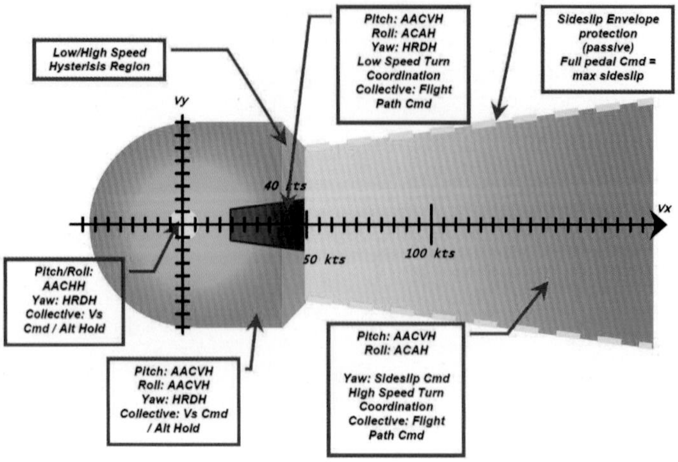

為配合線傳飛控系統，塞科斯基還引進BAE系統公司提供的「主動操縱桿」（Active Stick）技術。引進線傳飛控系統後，UH-60Mu的操控已不再需要傳統直升機機械飛控系統使用的總距桿與周期變距桿，但為了便於飛行員適應，UH-60Mu仍為正、副駕駛提供類似總距桿與周期變距桿的兩組操縱桿，只不過這兩組操縱桿不是用於帶動機械飛控系統的連桿與伺服機構，而是與線傳飛控電腦連結。

飛控電腦可由飛行員對操縱桿的輸入，解算出合適的操控指令，然後再發送給致動系統。而所謂「主動」則是指這組操縱桿能透過「觸覺提示」（tactile cueing）功能，向駕駛員提供可程式化的控制模式操縱反饋。（註17）

註17：UH-60Mu的操縱裝置除兩組主動操縱桿外，還有1組被動的方向控制踏板。這組踏板的功能與傳統機械飛控的踏板相同，但是直接與FBW飛控電腦連接。

藉由線傳飛控與主動操縱桿的結合，可極大的減輕駕駛員操作負荷，並顯著提高機體的機動性與操控精確性，還有藉由撤除機械飛控系統相關元件，減輕機體重量與複雜性的附帶效益。

另外美國陸軍還評估了日後引進可搭配線傳飛控系統運作的防撞偵測系統可行性，以提高低空飛行的安全性。

・**全權數位發動機控制系統（FADEC）**：引進具備FADEC功能的T700-GE-701E發動機，其基本上就是結合全權數位發動機控制套件的T700-GE-701D，動力輸出性能與後者相同，但可透過FADEC與UH-60Mu的線傳飛控整合，提供更精確、更高效率與更安全可靠的發動機操作。T700-GE-701E的雙頻道FADEC系統具備所謂的fail-fixed設計，即使兩個控制頻道都失效，也能讓發動機維持固定的輸出功率。

次要改進項目

除了前述三大改進項目外，UH-60Mu預定納入的改良還包括：

・**改善生存性**：包括改進電氣與液壓系統、改良機體關鍵部位的彈道防護容限、並藉由引進線傳飛控系統，將飛行關鍵元件從411個降為

UH-60Mu的技術特性

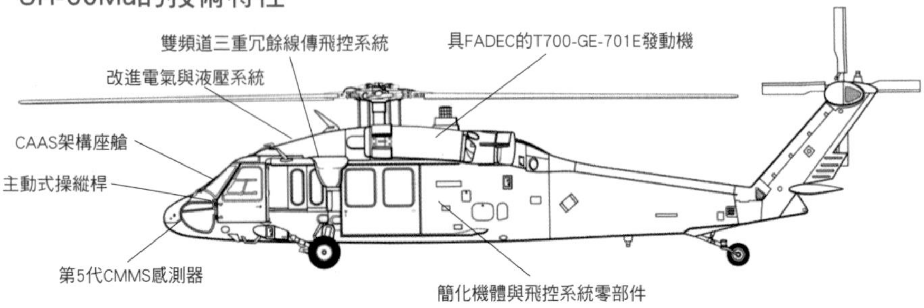

■ 搭載線傳飛控系統與T700-GE-701E發動機的UH-60Mu原型機，2008年8月29日於西棕櫚灘試驗場進行首次試飛，該機將是美國軍方第一種採用線傳飛控的量產型直升機。 Sikorsky

84個，降低飛控系統的易損性。電戰系統方面，也將引進性能更好的第5代通用飛彈警告系統（CMWS）感測器。

・**提高可維護性**：透過減少875個機體零部件、減少327個飛行關鍵零部件、刪除多個容易引起問題的零部件等手段，達到減少維修任務、降低每飛行小時所需維護工時的目的。

・**改善經濟性**：增設FADEC全權數位控制的訓練模式，可不開啟發動機就能在地面上進行發動機相關訓練，並藉由改進各次系統可靠性、減少檢查與測試設備、為IVHMS導入改進的先進健康與使用監控功能，以及嵌入式診斷系統等，來達到降低操作成本的目的。

・**提高互操作性**：可連接美國陸軍標準的FBCB2藍軍部隊追蹤系統（BFT），以便與陸軍其他平臺共享通用戰術圖像，通信系統也能升級到四軍種共通的JTRS聯合戰術無線電系統，另外導航系統也可與全球空中交通管制系統（GATM）相容。

塞科斯基從2005年底開始發展用於UH-60Mu的「控制率（CLAWS），並以1架JUH-60A「旋翼機系統概念空中實驗室」（RASCAL）作為實驗載台，搭載試驗型線傳飛控系統從2006年12月開始進行試飛。第1架搭載正式版線傳飛控系統的UH-60Mu，則在一年多後的2008年8月29日於西棕櫚灘試驗場進行為時近60分鐘的首飛，同時這也是T700-GE-701E發動機的首次試飛。

目前UH-60Mu的Mu1與Mu2兩架原型機已累積72.1小時地面運轉與114.6小時飛行時數（到2009年5月為止），試飛包絡範圍已擴展到22500磅起飛總重，以及搭配ESSS外載支援系統的飛行，並已於2008年10月23日完成有限度的用戶測試（由美國陸軍派遣3名乘員完成20架次飛行任務）。基於UH-60Mu的設計與試驗展現了良好的工程整合成效，整個計畫還獲得美國直升機協會頒發的Grover Bell獎。

依2009年時公開的生產計畫，基本型UH-60M與HH-60M的量產將在2012財年結束，美國陸軍剩下的900多架訂單額度都將是新的Mu型。UH-60Mu與HH-60Mu的生產預定從2010財年開始，首架Mu型量產機體則暫定在2012財年第4季交付。

到了2023財年，屆時美國陸軍預定保有1931架MH/UH/HH-60L/M/Mu系列，現役的945架未升級到L型標準的UH-60A，都將在2014～2022年間除役完畢，MH/UH-60K與L型則保留696架，至於UH/HH-60M/Mu系列則多達1235架，將在21世紀中期以前，擔任支撐美國陸軍空中運輸力量骨幹的角色。

表6 美國陸軍UH-60M系列生產計畫(～2015財年)

財政年度	FY08	FY09	FY10	FY11	FY12	FY13	FY14	FY15
UH-60M	37	51	42	11	5			
HH-60M	40	12	20	19	4			
UH-60Mu			7	11	19	46	37	32
HH-60Mu			1	4	8	12	12	12
M型總數	77	63	70	45	36	58	49	44
A-L升級	10	38	38	38	38	38	38	38

Source：L. Neil Thurgood & B. Keith Roberson, Utility Helicopter Overview 2009, US Army

表7 美國陸軍UH-60機隊組成結構變化-1(2009版)

財政年度	2009	2023
UH-60A	945	0
MH/UH-60K or L	695	696
MH/UH-60M	115	1235
總數	1755	1931

Source：L. Neil Thurgood & B. Keith Roberson, Utility Helicopter Overview 2009, US Army

■ 依目前排定的生產計畫，UH-60M與HH-60M的量產都將在2012財年結束，美國陸軍剩下的900多架訂單額度都將是新的Mu型，因此UH-60M只是一種過渡型，日後真正的主力是採用線傳飛控系統的UH-60Mu。 Sikorsky

UH-60M計畫最新狀態

塞科斯基在2012年7月18日慶祝交付第500架UH/HH-60M，到這階段，塞科斯基已向美國陸軍與外國用戶交付了400架通用型UH-60M，與100架醫療後送型HH-60M，其中有73架是外國用戶採購機體。

美國陸軍的採購計畫也有了些許調整，採購總數從先前的1235架提高到1375架，含956架UH-60M與419架HH-60M，略為減少了UH-60M數量，但HH-60M數量增加了百餘架（先前的計畫則是931架UH-60M與304架HH-60M），最終交付時間也從2023年延後到2026年，加上UH-60A-A to L翻新升級計畫的機體，以及MH-60K等特種作戰機型，屆時美國陸軍將保有超過2100架黑鷹系列直升機。

另外UH-60M在外銷方面也有新斬獲，除了先前的埃及、阿聯、巴林與台灣，又增加了瑞典與沙烏地兩個外國用戶訂單，累積的FMS海外用戶增加到6個。

不過先前曾有很高機會的美國空軍替換UH-1N的CVLSP「通用垂直載重支援平臺計畫」訂單，則因政策轉向與預算問題而出現變數。

美國空軍原本曾考慮內定採用UH-60M作為CVLSP機型，但後來還是在2011年3月拒絕了這種單一供應來源方式，而於稍後5月27日宣布啟動競標，共有5種機型參與競標，除了UH-60M，還有奧古斯塔威斯特蘭的AW-139、波音的HH-47、貝爾的UH-1Y與歐洲航太防務系統（EADS）美國分公司的歐直EC725。不過由於遭遇預算削減，美國空軍又於2012年2月決定暫時擱置CVLSP直升機計畫。

雖然未能在CVLSP計畫中獲得訂單，過塞科斯基卻從空軍另一筆訂單中得到了預期外的收穫。塞科斯基在2012年9月25日從美國空軍獲得價值2億340萬美元、總數18架UH-60M訂單，推測可能是作為補充老舊的HH-60G鋪路鷹機隊的操作損耗替換（Operational Loss Replacement, OLR）。

美國空軍雖然一直想以更大、更先進的機體來接替HH-60G，認為黑鷹系列的機體過小、已不足以滿足未來的戰鬥搜救任務需求。但考慮到接替HH-60G的CSAR-X計畫仍處於膠著狀態，若UH-60M能以過渡、補充用機體的角色切入空軍戰鬥搜救需求，則美國空軍繼頭一批18架訂單後，日後很有可能會進一步擴大UH-60M採購量，解決HH-60G機隊過於老舊、導致戰鬥搜救任務能力嚴重不足的問題，讓UH-60M成為「實質上」的HH-60G接班人，進一步擴展UH-60M系列的應用範圍與銷路。M

表8 UH-60M系列需求量(～2013年9月)

國別／單位別		需求量	已接收數
美國政府	美國陸軍	1375	400+
	美國空軍	18	—
	聯邦調查局(FBI)	3	3
	海關與邊防局(CBP)	4	1+
外國軍售FMS	巴林	9	1
	阿拉伯聯合大公國	14	1+
	埃及	4	0
	中華民國	60	0
	瑞典	15	0
	沙烏地阿拉伯*	72	0

*未確定訂單

表9 美國陸軍UH-60機隊組成結構變化-2(2010版)

財政年度	2010	2025
UH-60A	900	0
MH/UH-60K or L	735	760
MH/UH-60M	227	1375
總數	1862	2135

Source：L. Neil Thurgood & B. Keith Roberson, Utility Helicopter Project Office, US Army

T700-GE-701D發動機

T700-GE-701D是T700系列發動機的第4階段改良型，也是美國陸軍UH-60與AH-64兩大主力直升機隊日後的共通動力來源。

T700發動機的研製，起源於美國陸軍航空系統司令部（AVSCOM）航空應用技術理事會（AATD）1967年發起的一項「1500展示發動機計畫」，目的是開發一種1500匹軸馬力級渦輪軸發動機，GE以GE12擊敗普惠的ST9贏得這項計畫，後來GE12演變為T700發動機，並為UTTAS通用直升機與AAH先進攻擊直升機兩項計畫採用（也就是後來的UH-60與AH-64），另外還衍生了商用的CT7系列與渦輪旋槳版本的CT7-9系列。

T700發動機的階段改進

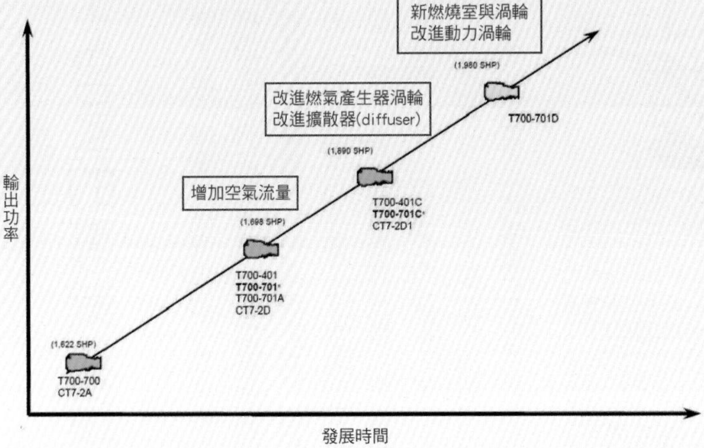

當T700發動機於1978年投入服役後，奇異公司（GE）仍持續改進這系列發動機，與此同時，奇異公司也參與了聯合先進渦輪燃氣產生器（JTAGG）與整合高效率渦輪發動機技術（IHPTET）等先進技術開發計畫，並將研發成果應用到T700系列的第三階段改良型T700-GE-701C與第四階段改良型T700-GE-701D。

在最新一代的T700-GE-701D上，GE為動力渦輪與部份部件引進了衍生自2600～3100匹軸馬力等級商用型CT7-8發動機的熱段材料與被覆塗層技術，此外還提高了渦輪操作溫度、增大空氣流量，並提高了壓縮比，以便將輸出功率提高到2000匹軸馬力等級，同時改善可靠性，且重量與單位燃油銷耗率的增加都抑制在最小的程度。T700-GE-701D的熱段採用擁有新隔熱層的燃燒室與渦輪，還有新的發動機外罩，預期壽命至少提高兩倍。

美國陸軍在2004年決定將整個UH-60與AH-64機隊的發動機都更新為T700-GE-701D，潛在的總合約金額估計達到15億美元，這些發動機包括新生產的發動機，以及由舊型T700翻新而來的發動機，翻新的版本稱作T700-GE-701DC（末尾的C代表Convert之意）。翻新工程由奇異公司與Corpus Christi陸軍維修廠（CCAD）共同進行。在2009財年為止，美國陸軍已訂購了646具全新的T700-GE-701D發動機，並完成超過2000具T700-GE-701DC的翻新升級，接下來在2015財年以前，還將繼續生產2576具發動機。

T700-GE-701D於2004年11月通過美國陸軍認證，並在2007年11月跟著第一批UH-60M正式進入服役。到2010年8月為止，已有200架UH-60A與227架UH-60M安裝T700-GE-701D/DC發動機在第一線服役。M

■ 除了全新建造的T700-GE-701D發動機，美國陸軍也在Corpus Christi陸軍維修廠(CCAD)將舊型T700翻新為同等規格的T700-GE-701DC。 US Army

UH-60M的專業救護型HH-60M

除了部隊運輸，醫療後送可說是通用直升機最重要的任務，雖然UH-60基本型就已能執行醫療後送，但為提供更好的任務能力，美國陸軍仍採購了更專業的救護衍生型。幾乎每一代黑鷹直升機，美國陸軍都會採購基本型修改的救護衍生型，如由第一代黑鷹直升機UH-60A衍生的救護型是UH-60Q，由第二代黑鷹UH-60L衍生的救護型是HH-60L。隨著第三代黑鷹UH-60M的推出，也相應衍生了救護型HH-60M。

不過HH-60L與HH-60M只是外界對UH-60L與UH-60M救護型的習慣通稱，而非軍方正式賦予的編號。目前看來，HH-60L的編號可能會轉給美國空軍新近採購，以UH-60M為基礎改造的戰鬥搜救型使用。

■ 美國陸軍目前有多種構型的搜救與醫療後送直升機在現役，上圖機體與一般機型相差不大，下圖的HH-60L則增設多項專門設備與光電系統，HH-60M也大致沿用這些配備。

HH-60M的任務是搜救與與醫護後送（SAR/MEDEVAC），機體結構、動力、航電等機載次系統均與UH-60M相同，但另外增設一系列與HH-60L十分相似的搜救與救護專業裝備，包括：

- 醫護型貨艙內裝：改變貨艙佈置，可安裝擔架舉升系統。必要時可在幾分鐘內，將貨艙從醫護構型轉換為人員或貨物運輸構型佈置。擔架、醫護隨員與乘員座椅均具抗墜落衝擊緩衝功能。
- 安裝外部救援用吊索，機艙增設環境控制系統。機鼻設置FLIR公司的Talon前視紅外線／電視光電轉塔。
- 機載製氧系統，可提供6個標準的氧氣輸送接口，與2個快拆型的氧氣輸送接口。
- 醫療用真空抽吸器，可提供6個接口。

此外機體也有小幅修改，包括：

- 發動機與輔助動力單元（APU）進氣口增設過濾器。
- 座椅增設緩衝墊，貨艙頂部增設M-4型貨架，貨艙兩側滑動式艙門的後方舷窗增設氣泡型觀測窗。
- 擋風玻璃增設Mylar薄膜，旋翼葉片也增設保護薄膜，以提高抗腐蝕與抗損保護。
- 為駕駛艙與貨艙前段增設彈道防護系統，貨艙前段兩側原來的機艙舷窗可裝上額外防護裝甲，不過側窗也因此而封閉。

在2015年以前，美國陸軍預計採購95架HH-60M與49架進一步改良的HH-60Mu。到2009年中為止，美國陸軍已接收了11架HH-60M。

■ HH-60M是以UH-60M為基礎的搜救／救護型，除主旋翼構型差異外，外觀與HH-60L相似，包含機首FLIR轉塔、兩舷側窗的防護裝甲，以及貨艙兩側滑動式艙門增設氣泡觀景窗等。(上及下) US DoD

美國陸軍的UH-60A-A to L翻新升級計畫

除推動全新建造的UH-60M計畫以外，為維持既有UH-60機隊運作效率，美國陸軍從2008財年起逐年編列預算，分批為部分UH-60A機隊執行機體翻新與系統升級，將結構與次系統升級到相當於L型的標準（部份系統標準相當於UH-60M），稱為「UH-60A-A to L翻新升級」（Recap/Upgrade）計畫。升級內容可分機體結構、動力傳動系統、基本次系統、航電與飛控／導航等五部份：

(1)機體結構：
・機體結構升級到Lot 30批次構型標準。
・機體腐蝕控制處理、增設乘員緊急脫出窗，燃料槽區域重構。

(2)動力傳動系統：
・換裝T700-GE-701D發動機與數位發動機控制單元（DECU）。
・改進主齒輪箱的耐久性，更換中介與尾齒輪箱。
・更換發動機高速軸與附件設備模組，重新佈置發動機隔音措施。

(3)基本次系統：
・更換飛控系統主伺服機構與液壓系統模組。
・更換燃油冷卻風扇、主旋翼轉軸與軸承。
・更換水平安定面致動器。
・更換主／尾起落架支柱。
・改進燃油側翻（Roll-over）出口閥。
・更換主旋翼與尾旋翼葉片。
・增設密閉式鉛酸電池（SLAB）電池（比照Lot 21批次）。
・更新機體減振器。
・增設整合載具健康管理系統（IVHMS）
・將吊鉤吊掛能力提高到9000磅（比照UH-60L規格）。
・預留救援用吊索配置（包括纜線護罩）。

(4)航電：
・座艙照明相容於夜視鏡（比照Lot 21批次）。
・增設HUD抬頭顯示器（比照Lot 21批次）。
・增設ARC-220 HF無線電機。
・增設輔助燃油控制面板，升級信號轉換器。

(5)飛控與導航：
・換裝先進飛控電腦（AFCC）。
・增設ARN-147 VOR/ILS導航系統。

美國國會在2007財年預算中批准了UH-60A-A to L翻新升級計畫，在完成原型機試飛後，美國陸軍則從2008財年第4季起，在德州Corpus Christi陸軍維修廠（CCAD）開始翻新升級工程，從2009財年起平均每年翻新38架，預計到2023年時，除了經過A-A toL計畫升級到L型的UH-60A以外，其餘所有基本型UH-60A都會除役。M

UH-60A to A to L翻新升級項目

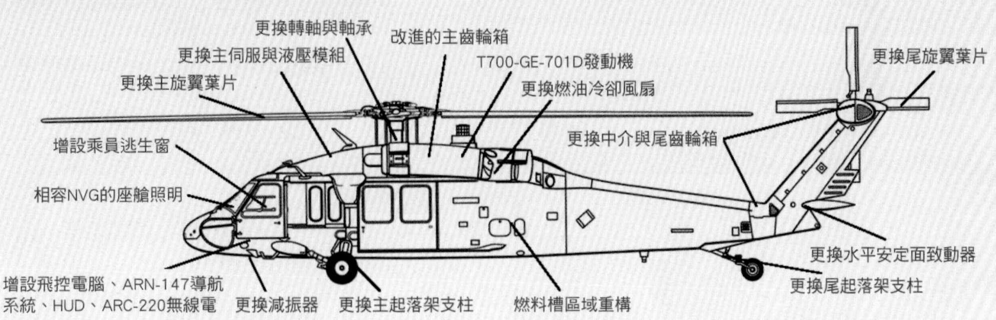

■ 2009年7月，完成「A to L翻新」工程，首架交付路易西安那州國民兵UH-60，其著眼於壽期延長，並透過新開發的技術與裝備加以現代化，涵蓋項目相當廣泛。

facebook 軍事連線
露天拍賣 軍事連線
Scops
Made in Taiwan
U.S. ARMY
靈敏如鴞
Sensitive Like Scops
街巷游擊 如角鴞輕盈
ACU數位迷彩側揹包
高張力380尼龍×防潑水×軍規認證臺灣製造
定價780元 上市特價620元
產品尺寸L31×W7×H20cm
側面空間可容納隨身工具
主要空間可放入A4文件
facebook 軍事連線
露天拍賣 軍事連線
SCOPS系列商品
軍事連線有售！
可利用郵局劃撥訂購加100元運費（側揹包出貨時不含其他示意配件）
劃撥帳號：50204974 戶名：雅圖創意設計有限公司
或至露天拍賣 搜尋「軍事連線」，提供更多付款與交貨方式！
http://store.ruten.com.tw/k-armour

CHAPTER 4
Blackhawk for Special Operation and Combat Rescue
第四章 黑鷹直升機特戰型

自1980年引進第一代特戰型黑鷹起算，美國陸軍過去30年來先後引進了4款機型，包括MH-60A、MH-60L、MH-60K與MH-60M，均配賦給160特戰航空團（160th Special Operations Aviation Regiment, 160th SOAR）使用，目前的主力是MH-60L與MH-60K，最新一代的MH-60M則仍在測試與初期引進階段。

精銳、往往又批著一層神秘面紗的特種部隊，以及專為特種作戰需求而開發的各式特戰裝備，一向是許多軍事愛好者關注焦點，美軍擊斃奧薩瑪．賓拉登的事件，又喚起大眾對於美軍特戰用直升機的關注，尤其是墜毀在拉登藏匿地點那具造型特殊的直升機殘骸，更引起外界種種猜測。

不過與其在缺乏充足資訊的情形下，對該神秘機型做毫無根據的猜測，不如把目光轉回現實，趁這個機會重新審視美軍既有的現役特戰直升機，特別是做為當前主力的黑鷹系列特戰型。

憑藉著可垂直起降、起降場條件要求相對較低，以及可跨越地形阻礙的三度空間高機動性等特性，當直升機這種飛行器進入實用化後，很快就成為不可或缺的特種作戰運輸載具，可運載特戰部隊進入或撤出目標區、提供補給、甚至是充當提供火力支援的砲艇角色。

多數國家受限於財力，大都只能抽調既有的標準型運輸或通用直升機，來支援特戰任務，不過對於資源相對豐富、特種作戰勤務相對也更為繁重的美軍來說，就有引進專業型特戰直升機的能力與需求。

儘管如此，專為特戰需求從頭開發全新機型的耗資仍然太高，不是任何國家所能負擔，以現役的通用或運輸直升機為基礎進行改進，使之適應特戰要求，顯然是更合理可行的做法。

專業特戰直升機的性能需求

自1978年服役以來，UH-60黑鷹系列直升機，便成為美國陸軍航空運輸力量無可置疑的骨幹力量，以這款機型為基礎改裝特戰直升機，是再自然不過的想法。相較於上一代的UH-1休伊系列，黑鷹直升機無論飛行性能、載重能力、高溫高海拔環境作業能力、生存性與戰略機動性（空運作業整備便利性），都有顯著的提升，但仍需在航程、全天候作業能力、生存性與隱蔽性等方面做一定程度改進，才能符合美軍特種作戰需求。

■ UH-60A直升機開始服役後，因具備更大續航力、與高溫、高海拔的酬載能力也更佳，美軍很快注意其改裝與從事特種任務的潛力。 US Army

續航性能

對於以全球為作戰範圍的美軍來說，許多特種作戰任務的重點區域如中東、朝鮮半島等地，受政治情勢或地理環境影響，往往無法找到合適的前進基地，執行特戰任務時需要直升機從相當遠距離外的部署地點出發，直接往返目標區。

從另一方面來看，若直升機擁有更大的航程，將可顯著減少任務規劃的困難，降低對中途支援的依賴，航線規劃的彈性也越大，對於滲透路徑有更多樣化的選擇，從而可繞過敵方的重點設防區域、增加滲透成功機率。因此較長的航程，對於美軍特戰直升機來說是必不可少的性能需求。

帳面規格上，黑鷹系列視型號不同，在只使用內載燃料時的續航能力約為511～592公里左右，扣除預備燃料後，換算所得的典型行動半徑一般在185～230公里之間，這樣的性能顯然不能完全滿足美軍特戰任務的航程要求。

要延長直升機的航程，通常可有3種做法：

內載輔助油箱：安裝在機身內部的輔助油箱。如改裝過的黑鷹系列便能在

■ KC-130加油機雖可對裝有加油管的直升機實施空中加油，但要讓航速性能差距很大的定翼機與旋翼機彼此配合，需具備高度飛行技術。　USAF

■ 在任務需要時，黑鷹系列可透過內載增設燃料槽與外掛附油箱來延伸航程，但相對也會影響酬載、航速與航程。圖為較新的CERF抗撞燃料箱。　Helicopter Support, Inc.

貨艙後部安裝2具185加侖容量Robertson內載輔助油箱，可使總載油量增加一倍，從而大幅提高航程。相比於其他提高航程方式，內載輔助油箱的優點是不增加飛行阻力，不過會占用貨艙空間與起飛有效載重，在使用上有許多限制。

外載輔助油箱：利用機體外部掛架（或其他連接機構）攜帶的輔助油箱。黑鷹家族都可透過安裝ESSS或SSSS等外部酬載支援系統，攜帶230加侖或450加侖容量的副油箱。由於外載油箱不受機身內部可用容積限制，因此通常可擁有更大的總載油量（透過攜帶多具副油箱），也不會有占用貨艙空間的問題，但仍會占用有效載重，最大缺點是會大幅增加飛行阻力，以致影響飛行性能—當攜帶外載副油箱後，航速、升限與爬升率都會有明顯降低。

空中加油：相比於內載或外載副油箱，利用空中加油來延長直升機航程，既不會占用有效載重或機艙空間，也不會增加飛行阻力，只要持續提供空中加油，便可讓直升機獲得幾近無限制的航程性能，對於特戰任務來說有許多優越之處（相較於外載副油箱，為直升機增設空中加油管所增加的阻力要小了非常多）。缺點則是空中加油作業必須依靠友軍支援，在任務中排進空中加油流程，將使作戰規劃與執行憑添許多複雜性。

此外，空中加油機都是相對高航速的固定翼飛機，目前唯一能與直升機搭配進行空中加油作業的機型，是以渦輪旋槳推進的C-130運輸機所改裝的MC/KC-130系列。即使如此，C-130的航速仍高於直升機許多，要讓相對高速的加油機與低速的直升機彼此配合成功執行空中加油，需要高度的飛行技術——一方面加油機需把速度降到幾近失速邊緣，另一方面直升機則需以接近極速的速度飛行。

三種延長航程的方式各有優缺點，為求保有最大的作業彈性，最佳方案自然是三管齊下，視情況分別或混合使用前述三種方式，藉以提高執勤時的任務半徑。

導航與通信

為確保作戰任務能正確執行，軍事行動都包含著一連串精密的時間—地點等任務節點安排，所以精確的導航，以及各單位間的緊密聯繫，都是不可或缺的要求。

然而對於特戰單位來說，許多任務需要的行動距離，都超出典型作戰任務許多，隨著任務距離增加，導航與通信作業也會成為一個問題，尤其特戰任務經常需要深入地理環境相對陌生、也缺乏必要支援設施的區域，更突出了這兩方面的需求。

換言之，特戰直升機必須考慮到深入敵境的需求，而不像一般運輸／通用直升機大都只會在我方控制區域或戰線前緣活動，故長距離精確導航與通信系統，也就成為特戰直升機的必備裝備。

全天候作業能力

相比於地面車輛或海上艦船，飛行器操作對於天候條件的要求，相對嚴苛許多。然而對於特種作戰來說，許多任務都有時間敏感性，機會稍縱即逝，無法期待恰好可有良好的天候狀況配合。更多時候反而是要利用夜間等能見度不良的環境，來為特戰任務提供掩護，以增加隱蔽性與奇襲性。

因此全天候作業能力是特戰用直升機不可或缺的性能，這要求直升機配備可於夜間或惡劣天候下協助執行飛行操作、目標偵測／監視／追蹤等作業的航電裝備，包括夜視鏡、前視紅外線（FLIR）、氣象／導航雷達，甚至是可提供地形繪製、地形迴避／追隨功能的雷達等。

隱蔽性與生存性

許多特戰任務由於政治上的高度敏感性，必須秘密進行才能確保成功機率，因此特戰直升機進入目標區時必須盡可能隱匿形跡；隱匿形跡除了可幫助任務順利遂行外，另一方面藉由隱匿所帶來的「防止被發現」特性，也能有效提高生存性。

黑鷹是第一種把生存性納入主要基本設計需求中的直升機，擁有前一代機型所不具備的高生存性，如重要系統雙重分離配置、重要部位的彈道防護、具乾運轉能力的傳動系統，以及特別考量了抗墜毀性能的機體結構、起落架與油箱設計等等。另外也配備了美國陸軍標準的自衛電戰系統，包括雷達預警接收機、干擾絲／熱焰彈灑佈器與紅外線干擾機，以及發動機排氣紅外線訊跡抑制系統，可降低遭敵方防空武器擊中的機率。

■ 利用視線不佳的夜間滲透敵區，為特種作戰的常態，作為特戰部隊載具的直升機也須具備更好的夜視導航裝備，方能順利達成任務。 USAF

不過從直升機生存性的4個層次來看——(1)防止被發現；(2)防止被擊中；(3)遭擊中後防止墜毀；(4)墜落時確保機上乘員生存，黑鷹的設計主要著重的是「遭擊中後防止墜毀」與「墜落時確保機上乘員生存」兩個層面，但如前所述，對於特戰任務來說，更重要的是利用隱蔽性、也就是「防止被發現」，來確保任務成功遂行與生存性。

相對於其他類型的飛行器，直升機特別有利的一點是相對容易進行超低空飛行，只要採取超低高度（如20～100呎）、

■ 黑鷹直升機雖未採更全面的雷達匿蹤構型，但在從事特戰任務時，仍可採取低空飛行，透過地形地物獲得掩蔽效果。 US DoD

利用地物地貌掩蔽的匍匐飛行——即所謂的Nap Of the Earth（NOE）飛行，就能極大地降低遭雷達或光學觀測系統偵測的機率。

受過充分訓練的飛行員，都能駕駛直升機進行NOE飛行，黑鷹直升機的設計也特別考慮了NOE飛行經常需要的「拉起躍升—下推」機動要求。但問題在於，特戰任務同時還有長航程與全天候作業的需求，要飛行員在夜間或不良天候下，長時間執行NOE飛行，顯然會帶來極大的負擔，必要時得引進專用於低空地貌飛行的航電裝備來提供輔助。

「防止被發現」固然擁有先天上的生存性優勢，但從現實來看，也不可能完全把生存性寄託在隱匿上，當隱匿失效時，就得依靠其他3個層面的措施來確保直升機的生存性。

如前所述，黑鷹在「遭擊中後防止墜毀」與「墜落時確保機上乘員生存」兩個層面已有相當良好的設計；而在「防止被擊中」方面，標準型黑鷹雖已配備了美國陸軍標準的直升機自衛電戰裝備，但只是基本堪用而已，無法涵蓋所有可能的威脅形式，考慮到特戰直升機上搭載的都是經過長期訓練、擁有高度專業技能的人員，值得為了提高「防止被擊中」的保護，而在自衛電戰系統上作進一步投資，安裝更先進完善的系統。

美國陸軍的特戰型黑鷹

自1980年引進第一代特戰型黑鷹起算，美國陸軍過去30年來先後引進了4款機型，包括MH-60A、MH-60L、MH-60K與MH-60M，均配賦給第160特戰航空團（160th Special Operations Aviation Regiment, 160th SOAR）使用，目前的主力是MH-60L與MH-60K，最新一代的MH-60M則仍在測試與初期引進階段。

■ 1980年，3架RH-58D從尼米茲號航艦起飛，執行伊朗拯救人質任務，該機型為美國海軍掃雷直升機，具備空中加油能力。在此次任務失敗後，美國開始重視專業的特戰直升機。 US DoD

第一代特戰型黑鷹—MH-60A

MH-60A是伴隨美國陸軍第160特戰航空團一同誕生的第一代特戰型黑鷹直升機。1980年4月試圖拯救伊朗人質的「鷹爪行動」（Operation Eagle Claw）失敗後，負責檢討作戰教訓的前海軍作戰部長哈洛威（James Holloway III）認為，缺乏可用於執行滲透飛行任務的專業直升機特戰單位，是行動失利主因之一。

基於前述結論，為了讓計畫中的第2次人質救援行動順利遂行，美國陸軍隨即開始組建特戰航空單位，從陸軍中擁有最豐富飛行經驗的單位——第101空降師（空中突擊）轄下的第101航空群中，抽調第158航空營的C連與D連（操作UH-60A）、第159航空營A連（操作CH-47）與第229攻擊直升機營B連（操作OH/AH-6系列）的部份飛行員，組建了臨時性的特戰航空單位：第158特遣隊（Task Force 158）（註18）。

MH-60A構型特徵

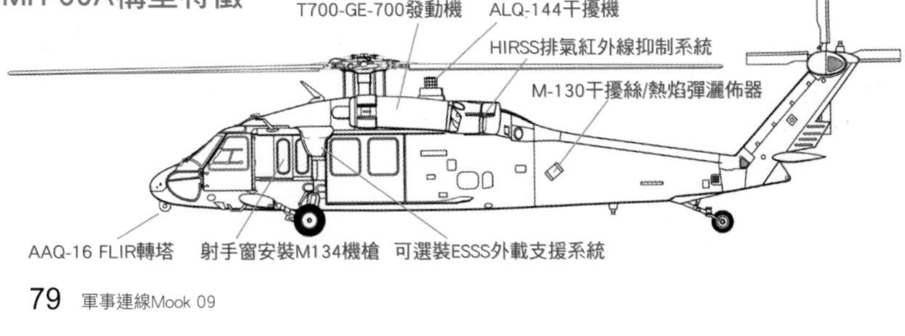

■ 安裝在尾桁的M-130干擾絲／熱焰彈灑佈器(右)，以及搭配夜視鏡使用的座艙儀表(下)等，都是MH-60A最初配備的特戰裝備，後來也廣為通用型黑鷹採用。 US DoD

註18：由於該單位多數飛行員都抽調自第158航空營，因此命名為第158特遣隊。

而被抽調單位原先操作的直升機，也一併跟著轉移給這個臨時單位，於是第158特遣隊便擁有約30架UH-60A（101空中突擊師轄下的101航空群，原本就是美國陸軍中最優先接收UH-60A的作戰單位）。

為了讓這批黑鷹能適應第158特遣隊的特殊需求，該單位為轄下的UH-60A進行一系列改裝，加裝了特戰任務需要的導航、通訊與自衛電戰系統，包括：

可提供長距離精確導航的BAE系統ARN-148 Omega／VLF導航系統、供飛行員夜間飛行配戴的夜視鏡，以及標準的M-130干擾絲／熱焰彈灑佈器與ALQ-144紅外線干擾機，經過修改的駕駛艙亦可相容於夜視鏡操作。

為延長這些UH-60A的航程，該特遣隊還引進了一套特別的輔助燃油系統，將原先用在UH-1上的140加侖油囊、外覆以四分之三吋厚的船用級膠合板，組合成內載輔助油箱，使用時可安裝於UH-60A貨艙後部接上燃油管路，最多可安裝6具這種輔助油箱，讓改裝後的UH-60A擁有高達800海浬（超過1500公里）的不加油航程。

當第158特遣隊在1981年1月改組為第160特遣隊後，該單位又在1981年為MH-60A增設了「快速繩索嵌入／解開系統」（FRIES），可協助特種部隊從懸停的直升機迅速垂降到地面。從1984年起，160特遣隊又陸續為所屬UH-60A陸續加裝雷神公司AAQ-16前視紅外線轉塔，儀表板也增設1具用於顯示紅外線影像的顯示器。

一系列改裝雖然提高UH-60A的任務性能，但同時也增加了系統複雜性與飛行員的操作負擔，於是第160航空營（1981年10月改編為正式的營）緊接著在1985年，又為部份UH-60A改裝一套洛克威爾．柯林斯公司（Rockwell Collins）的CMS 80座艙管理系統，可透過1組控制顯示單元（CDU）作為機載通訊與導航系統的統一操作介面，從而有效減輕飛行員工作負荷（正副駕駛各有一組CDU，安裝在座位之間的中央儀表座上）。

第160航空營共有16架UH-60A接受CMS 80改裝，這些接受改裝的機體後來被重新編號為MH-60A。

從1987年起，已改制為群（Group）的第160航空群所屬UH-60A/MH-60A也和美國陸軍其他的黑鷹直升機一樣，陸續在發動機排氣口加裝懸停紅外線抑制系統

■ 從MH-60A起，安裝在機鼻下方的雷神AAQ-16系列前視紅外線光電轉塔，便是特戰型黑鷹直升機的標準配備之一。

■ 第160航空群所屬MH-60A在1987～1988年護航波斯灣油輪的Prime Chance行動中，降落到力士號(Hercules)海上基地。該機機頭下方裝有前視紅外線轉塔，兩側已更換為M1347.62mm六管機槍。 US DoD

（HIRSS），降低包括懸停狀態在內、整個飛行包絡範圍的發動機排氣紅外線訊跡。

與一般UH-60A相同，第160航空群的UH-60A/MH-60A原本機體在兩側射手窗也各設有1挺M60D機槍，作為基本壓制火力。不過在1987年9月於波斯灣展開的「主要機會行動」（Operation Prime Chance）中，160航空群部份MH-60A與AH-6單位，被配屬到美國海軍艦艇上協助執行油輪護航任務。

針對海上護航所需的火力與航程需求，第160航空群將所屬MH-60A原來配備的M60D機槍，換裝為射速更高、火力更強的M134多管機槍（minigun），同時也安裝2具185加侖容量的Robertson內載輔助油箱。

稍候隨著MH-60L開始服役，第160特戰航空團在1990年代後期陸續將所屬MH-60A改回標準的UH-60A構型，轉交給國民兵單位繼續使用。

過渡用的MH-60L

為取代早期使用的MH-60A，美國陸軍於1987年委託塞科斯基與IBM公司共同發展新一代的MH-60K，由塞科斯基負責機體的建造與修改，IBM聯邦系統部門則負責任務電子系統的整合。不過由於MH-60K發展延遲，而且成本高昂，美國陸軍便在1980年代末期另外尋找一款過渡使用、可迅速獲得的廉價型特戰直升機，以便盡快接替已略嫌老舊的MH-60A，並在日後搭配昂貴的MH-60K使用。

當時UH-60L已取代UH-60A成為新的黑鷹直升機量產構型，自然便成為新型特戰直升機的改裝基礎。第160航空群從1989年起陸續接收了一批UH-60L，並在塞科斯基協助下對這批機體進行了類似MH-60A的改裝，安裝了CMS 80座艙管理系統、AAQ-16 FLIR光電轉塔與FRIES快速繩索嵌入／解開系統等設備，還引進一些新系統，包括安裝在機鼻的氣象／導航雷達、設於右側貨艙艙門外部的救援用吊索，以及1組GPS接收機，改裝後的機體重新編號為MH-60L，160航空群先後接收了42架。

當MH-60L的測評作業仍在進行時，爆發了伊拉克入侵科威特的事件，促使美國陸軍加速MH-60L改裝時程，同時第160航空群也把數架MH-60L送到沙烏地阿拉伯，與較老的MH-60A一同參與沙漠之盾（Desert Shield）行動。

波灣戰爭結束後，改制後的第160特戰航空團又從1991年起，對MH-60L進行一系列改裝，主要是座艙、航電與生存性能的

MH-60L構型特徵

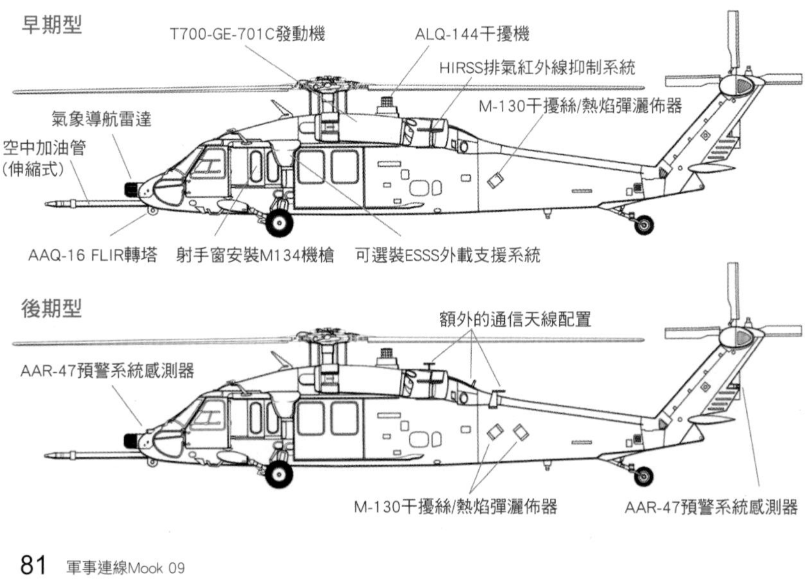

■ 經過玻璃化改裝的MH-60L儀表，擁有2具6×5吋與4具4.2吋多功能顯示器。紅圈處為CMS 80座艙管理系統的控制顯示單元(CDU)面板。

升級，讓MH-60L擁有接近高階的MH-60K的配備規格。

航電方面，安裝了新的嵌入式全球定位／慣性（GPS/INS）導航與武器管理系統，以及更完整的通信裝備，包括內部通話系統、HAVE QUICK II保密UHF無線電、VHF/FM無線電、衛星通信系統（應該是雷神的ARC-231(V)）與Motorola Saber手持式無線電對講機。

為改善飛行員作業效率，MH-60L的CMS 80座艙管理系統亦得到升級，並對座艙作了「玻璃化」改進，以多功能顯示器取代傳統機械式儀表，正副駕駛各有2具用於飛行資訊顯示的4.2吋顯示器，與1具用於顯示前視紅外線影像的6×5吋顯示器。整個儀表板共有6具多功能顯示器，可有效提高飛行員的態勢掌握能力。

由於MH-60L升級計畫執行時間較晚，因而得以直接採用更先進的AMLCD顯示器，不像發展較早的MH-60K只能配備陰極射線管（CRT）顯示器。

針對生存性改善，MH-60L的駕駛艙與貨艙均增設凱夫勒（Kevlar）彈道防護，並配有更完善的自衛電戰系統，包括APR-39(V)1雷達警告接收機、APR-44(V)1/3雷達預警系統、AVR-2B雷射警告接收機、ALQ-144紅外線干擾器與M-130干擾絲／熱焰彈灑佈器。至少有一部份MH-60L機體，後來還增設了AAR-47飛彈預警系統（4組光學接收單元分別裝在機鼻兩側與垂直安定面後方），可因應被動導引飛彈的來襲預警。

■ 安裝在機鼻的氣象雷達與紅外線轉塔，是MH-60L的外觀特徵，照片中機體也安裝了AAR-47飛彈預警系統（箭頭處）與兩側M134多管機槍，部分的MH-60L則裝有空中加油管。 US Army

另一項重要更新是增設空中加油能力，最後10～15架出廠的MH-60L裝備有伸縮式的空中加油管（伸長時長3.57公尺），可接受MC/KC-130加油機空中加油，作為內載／外載輔助油箱外的另一種延長航程手段，從而提高任務彈性。

除前述標準配備外，依任務需要，MH-60L還可選裝額外裝備，以適應不同任務的需要，包括安裝於貨艙內的2具172加侖的Guardian內載輔助油箱，可讓MH-

■ 安裝於MH-60L貨艙後部的內載輔助油箱，能顯著提高直升機任務航程，也不會增加飛行阻力，但相對會減少有效酬載與可貨艙用空間。

■ SPIES特殊巡邏嵌入/解開系統是利用繩索，迅速將地面上的士兵拉到空中，脫離危險區域，最多可同時吊起8名全副武裝士兵。

60L滯空時間從標準狀態下的2小時10分鐘延長到4小時，代價則是占用18平方呎的貨艙地板空間（大約是貨艙地板總面積的20%）。必要時還可再於貨艙增設額外的內載輔助燃油系統（IAFS）進一步提高航程，每具IAFS油箱有150加侖容量，最多可安裝4具，每具可延長大約50分鐘航程。Guardian內載輔助油箱與IAFS可合併使用，不過此時將會占滿全部的貨艙空間。

若不想占用貨艙空間，亦可選用與外載支援系統（External Stores Support System, ESSS）掛架配合的外載增程燃油系統（ERFS），可攜帶最多2具230加侖副油箱與2具450加侖副油箱。

其他選用裝備還有：內含雷射測距儀與標定器的AAQ-16D機載光電特戰酬載（Airborne Electro-Optical Special Operations Payload, AESOP）轉塔、ARS-6個人定位系統（註19），以及特殊巡邏嵌入/解開系統（SPIES），可利用安裝在機腹外部吊裝開口的一根繩索，迅速將地面上士兵拉到半空中。

註19：機載的ARS-6需搭配單兵配備的PRC-112(V)手持式信號發射機使用，這套組合通常是用在戰鬥搜救任務。

特別的是，MH-60L還可在貨艙中安裝供4名操作人員使用的指揮管制控制台，充作特種作戰指揮機（電影《黑鷹墜落》便可看到類似的指揮管制用黑鷹直升機）。理論上，MH-60L也能透過安裝ESSS外部酬載系統，攜帶外載武器充當空中砲艇機使用，若將機首的光電轉塔升級到AAQ-16D AESOP，還可具備標定與導引地獄火飛彈等雷射導引彈藥的能力，這種任務配備便是接下來要介紹的DAP構型。

火力支援型MH-60L DAP

特種部隊一般都是輕裝行動，並不要求投入高強度的交火，若有必要與敵接戰，亦更常依靠友軍火力支援，而非單純依靠自身的武器。但為提高任務彈性，第160特戰航空團配有建制內的火力支援用直升機，自身便可提供一定程度的空中掩護火力，無需完全依賴友軍支援。

1990年代初期以前，第160特戰航空團都是以由OH-6、MD500/530系列改裝的AH-6C/F/G/J輕型攻擊直升機，配備M134機槍、2.75吋火箭等武裝，為在危險區域的部隊著陸與撤收作業提供壓制火力，不過這系列機體雖有輕巧靈活、易於運輸、戰略機動性優秀等優點，但也由於機體規模過

■ 第160特戰航空團的AH-6「小鳥」(Little Bird)直升機，兩側可掛架攜帶火箭、M134機槍等武裝，提供航空團自身火力支援。 US Army

■ 於UH-60A首度出現的黑鷹特戰直升機DAP構型，縮短的外部掛架，每側可掛載1門30公厘鏈砲，搭配射手窗的M134迷你機砲，皆從貨艙供彈。

小（最大起飛重量僅1.4～1.6噸），酬載—航程性能有限，以致限制了任務性能。

第160航空團在1989年時曾嘗試將MH-60A改裝為火力支援平臺，稱為「直接行動滲透者」（Direct Action Penetrator, DAP）構型，9噸級機體的MH-60A擁有更大的改裝潛力，能藉由更大的機體，提供更長的航程與更多的武器酬載，有效強化該單位在這方面的任務能力。透過增設的修改型ESSS外部掛架，MH-60A能攜帶類似AH-6系列的M134機槍、2.75吋火箭筴艙等武器配備，但火力投射量與持續力明顯更高。

不過MH-60A經多次改裝不斷添加設備後，也產生了動力不足、飛行性能顯著衰退等問題，因此DAP構型後來便改由新一代的MH-60L作為平臺。

如前所述，MH-60L是以UH-60L為基礎改裝，而UH-60L這款型號，原本就是為了改善黑鷹系列因重量增加導致性能衰退問題，特別著重強化動力系統的改良型，採用新的T700-GE-701C發動機與改進的齒輪箱，輸出功率分別比UH-60A的T700-GE-700發動機與舊型齒輪箱高出14.5%與20%。而UH-60L這套強化的動力系統，也為MH-60L進一步的「武裝化」改裝提供良好基礎。

MH-60L DAP是在MH-60L基礎上發展的專業武裝型，某些人把它稱作AH-60L，藉以強調這種機型的武裝特性。選擇改裝MH-60L而非引進AH-1或AH-64等專業攻擊直升機，主要考量在於儘可能簡化160特戰航空團操作機型，以免增加後勤負擔。

理論上任何MH-60L都能改為DAP構型，兩種擁有十分相似的裝備，主要差異在於FLIR紅外線轉塔型式與外載武器系統，MH-60L DAP機頭下方的光電轉塔改用內含雷射測距／標定功能的AAQ-16D AESOP，並採用一種修改過的ESSS系統，長度較標準型ESSS縮減一半，掛架從4個減為2個，可用於攜帶M230 30公厘鏈砲（彈艙設於貨艙內，每門備彈1100發）、Mk19 Mod 3 40公厘榴彈發射器、2.75吋火箭莢艙或地獄火飛彈。

■ MH-60L因動力獲得提升，能以兩側掛架攜帶最多8枚地獄火飛彈(上)或火箭莢囊(下)，且機鼻光電轉塔也需配合更換為具備雷射標定功能的型號。 US Army

駕駛擁有一套整合射控系統的抬頭顯示器，可實施精確的武器射擊。兩側射手窗還各安裝有1門M134機槍（備彈6000發），可搭配Litton公司的AIM-1雷射瞄準器使用。另外大部份改為DAP構型的MH-60L也都安裝了空中加油管。

■ MH-60L DAP採用一種修改過的ESSS掛架，長度較標準型縮短一半，只有兩個掛載點。標準構型下，通常是一側攜帶1門30公厘鏈砲，另一側攜帶2.75吋火箭莢艙。 US Army

MH-60L DAP主要任務是充當砲艇直升機的角色，在日間、夜間與低能見度等環境下全天候執行火力支援與武裝護航任務，也就是所謂的「直接行動」（Direct Action）任務，另外亦能運載部隊小單位滲透作戰。

受最大起飛重量的限制，當MH-60L DAP攜帶武器執行「直接行動」任務時，就不會在貨艙運載部隊，以把貨艙空間用來攜帶輔助油箱或是更多的彈藥。標準武裝構型是在一側的ESSS外部掛架上攜帶1門30公厘鏈砲、另一側則攜帶1具19發裝的2.75吋火箭莢艙，搭配設於兩側艙門的2門M134多管機槍，可提供相當強大的壓制火力。

MH-60L DAP的改裝作業從1990年開始，在第160特戰航空團所屬單位中，除第1營所轄的MH-60直升機連，其餘各營的MH-60連都採MH-60L排與MH-60L DAP排混編的編制。

目前駐肯塔基州坎貝爾堡的第1營C/D連各編制有10架MH-60K，E連有10架MH-60L DAP；同樣駐坎貝爾堡的第2營C連編制有10架MH-60L，含5架MH-60L DAP；駐喬治亞州Hunter陸軍機場的第3營C連亦編制有10架MH-60L，含5架MH-60L DAP；駐華盛頓州路易斯堡（Fort Lewis）的第4營C連編制同樣是10架MH-60L，含5架MH-60L DAP。合計MH-60L DAP總編制數為25架（但編制數不等於實際保有數）。

雖然服役數量不多，不過第160航空特戰團運用MH-60L DAP的經驗非常成功，特別是在伊拉克的反暴亂／反叛亂作戰中，第160航空特戰團的MH-60L DAP展現極為強大的效能，藉由精密的感測器與強力的武裝配備，可日、夜全天候的執行空中火力支援任務，對利用城市建築掩蔽的伊拉克反抗軍施以精確的打擊。

相較於AH-64D，以機槍／機砲為主要武器的MH-60L DAP，明顯更適用於在伊拉克進行的掃蕩任務，而且由於配備了多達3門（以上）的機槍與機砲，加上龐大的彈藥攜載量，不僅火力更炙烈、持續力也更耐久。此外還有運用彈性更高的優點——只要撤除武裝，MH-60L DAP便可當作一般通用直升機使用（儘管實際上很少這麼作）。

第二代特戰型黑鷹─MH-60K

MH-60L雖然相當活躍，服役數量也最多，但最初只是基於過渡的需求而引進，美國陸軍真正期待的第二代特戰型黑鷹是MH-60K。

如前所述，MH-60K的開發始自1987

■ 在最新一代的MH-60M服役前，MH-60K是美國陸軍配備最精密先進的特戰型黑鷹直升機，但這也導致該機的價格過於昂貴，因此裝備的數量相當少。 US Army

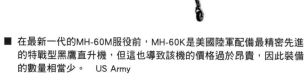

年，美國陸軍在1988年1月訂購了首架MH-60K原型機，並在1990年8月進行首飛，展開為期兩年的飛行試驗。

MH-60K是配備最先進的特戰型黑鷹直升機，擁有以MIL-STD-1553B數位匯流排為基礎的整合航電系統，也是最早導入玻璃化座艙的黑鷹系列，座艙儀表設有4具大尺寸多功能顯示器，取代了黑鷹系列原先使用的指針式與條狀儀表。

航電系統方面，除了設有包括保密VHF/UHF無線電與衛星通信系統在內的全套通信系統、新型GPS/INS導航系統與AAQ-16 前視紅外線轉塔，最特別的是安裝一套雷神公司的APQ-174B多模式雷達。

APQ-174B採用Ku波段作業，可提供地形追隨／迴避、地形繪製、空對地測距、氣象指示、信標詢答等功能，透過APQ-174B的地形追隨功能，可允許載機即使身處夜間或惡劣氣候下，仍能以30公尺高度的低空沿地貌匍匐飛行。除了MH-60K外，160特戰航空團的MH-47E亦配備了APQ-174B雷達（註20）。

註20：需特別注意的是，MH-60L的機鼻雖然也配有雷達，但僅為功能相對簡單的氣象／導航雷達，而非MH-60K配備的APQ-174B地形追隨雷達，仔細觀察便可發現MH-60L與MH-60K機鼻雷達罩的構型不同，MH-60K機鼻雷達罩直徑明顯較小，讓雷達罩後方的基座相對顯得更大。

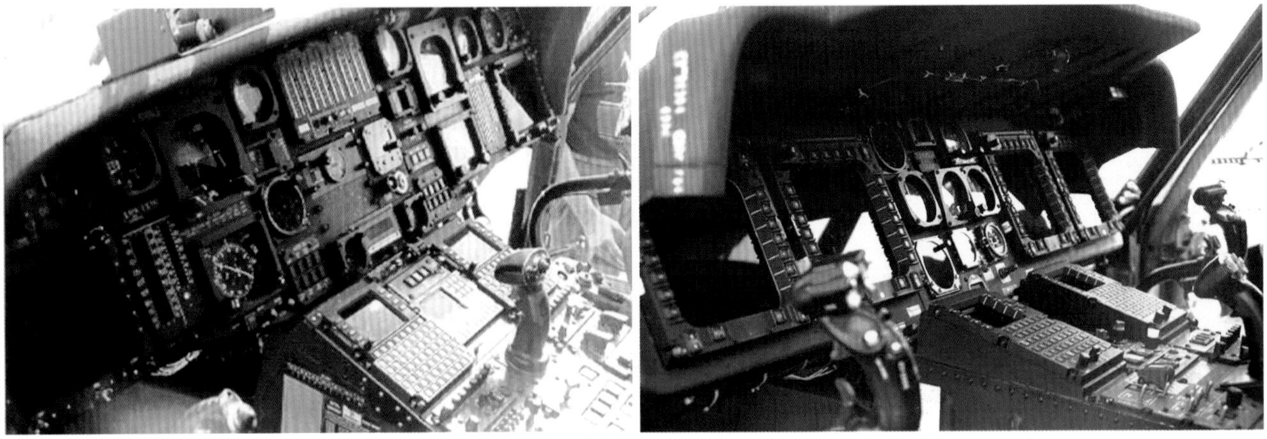

■ MH-60K為黑鷹直升機家族中最早引進全玻璃化座艙的機型，以4具多功能顯示器取代傳統指針式與條狀儀表(右)，左圖為MH-60L初期型儀表，可作一對照。

MH-60K雖然最初是基於UH-60A的規格發展，不過由於研製時間較晚，後來動力單元被換成UH-60L的型式，包括T700-GE-701C發動機與改進的齒輪箱。

與一般陸軍型黑鷹直升機不同的是，MH-60K引進一些原先用在海軍SH-60B海鷹反潛直升機上的設備，如飛控系統改用與SH-60B相似的漢彌爾頓標準（Hamilton Standard）公司自動飛控系統（Automatic Flight Control System, AFCS），替換了黑鷹原本使用的增益穩定式飛控系統。

AFCS內含數位式的3軸自動駕駛與耦合操縱模式，另外還有專門的自動穩定功能，能在所有空速與懸停狀態下，提供自動的航向維持，以消除扭力引起的偏航。透過自動飛控系統，可減輕飛行員操縱負擔，並提高飛行操縱的精確性，讓飛行員充分駕馭更強勁的動力系統。

此外，考慮到為海軍海豹部隊（SEAL）提供支援與部署在艦艇上作業的需求，MH-60K還配有類似SH-60B的旋翼剎車（rotor brake）、機身繫留點，以及可折疊的尾部水平安定面（特別的是，該機的水平安定面也採用了SH-60B的方型構型，而非UH-60A/L等陸基型的型式）。

為提供足夠的任務航程，MH-60K可透過內部油箱與外載油箱系統（ETS），攜載最多達3141公升燃油（360加侖的內部主油箱＋2個230加侖的外載副油箱），必要時亦可在貨艙後部安裝2具185加侖容量的Robertson內載輔助油箱，或2具172加侖的Guardian內載輔助油箱，另外還配備了空中加油管，可進一步延伸航程。

MH-60K的ETS外載油箱掛架構型，類似部份黑鷹直升機外銷用戶上的塞科斯基外載支援系統（SSSS）型掛架（如日本的UH-60J）。與更常見的ESSS外部掛架相比，SSSS掛架的構型從ESSS的下垂式改為上翹，可減少外載物對兩側艙門進出作業的干擾，也能為機體兩側提供更好視野，更適合搜救與特戰任務使用，不過掛載點數也從ESSS的4個減為2個。

■ 如同早先的特戰型黑鷹直升機，MH-60K亦非常注重航程性能，上圖為該機型實施空中加油；下圖的MH-60K則利用兩側上翹的ETS掛架，各攜帶1具230加侖副油箱，機頭左側也配有加油管。 US DoD/US Army

某些資料記載，MH-60K的ETS掛架除了攜帶230加侖副油箱，理論上也能安裝M134機槍或某些重力落下式的武器，但陸軍特戰司令部實際上並未允許讓MH-60K以外部掛架攜帶副油箱以外的外載設備。

自衛裝備方面，MH-60K預留了升級更強力自衛壓制武器的餘裕，射手窗的機槍支軸可安裝口徑更大的.50機槍，用以替換M134機槍，機上還預留日後安裝刺針飛彈（Stinger）的準備，並擁有當時黑鷹直升機家族中最先進的自衛電戰設備，包括BAE系統公司的AAR-47飛彈預警系統、諾斯洛普．格魯曼的ALQ-136(V)2脈衝雷達干擾機與ALQ-162(V)3連續波雷達干擾機、雷神的APR-39A與APR-44脈衝／連續波預警接收機，雷神的AVR-2B雷射警告接收器、BAE系統的M-130干擾絲／熱焰彈灑佈器，以及桑德斯（Sanders）的ALQ-144紅外線干擾機。

其他一些必要的特戰用配備，MH-60K也一應俱全，包括救援用吊索，以及FIRES與SPIES垂降系統等。

在MH-60K原型機試飛接近尾聲時，塞科斯基也在1992年2月完成第1架量產型，先送到Patuxent River海軍航空站與愛德華空軍基地進行測試後，於同年6月交付給第160特戰航空團。

美國陸軍在1991財年先後訂購了兩批次各11架MH-60K，預定裝備的單位包括駐肯塔基州坎貝爾堡160特戰航空團第1營C連與D連、駐喬治亞州Hunter陸軍機場的160特戰航空團第3營，以及奧克拉荷馬州陸軍國民兵的第245航空團第1營。

■ 機首APQ-174B多模式雷達與天線，為MH-60K外觀的重要特徵，AAQ-16前視紅外線轉塔與機頭電戰系統天線的佈置方式，亦與MH-60L有所不同。 US DoD

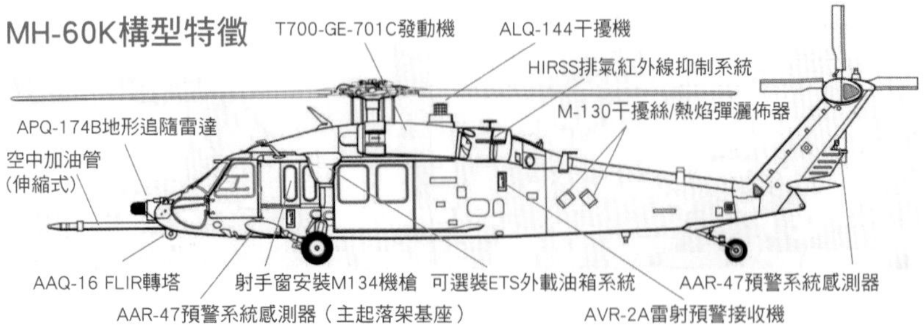

塞科斯基在1992年陸續完成MH-60K量產機的組裝，然而由於特戰相關裝備的軟體發展作業遲遲未能完成，陸軍被迫接收前10架未達作戰狀態的MH-60K機體，後續12架則由塞科斯基暫時保管，待新版軟體完成後，直接安裝新軟體並於1993年10月～12月陸續交付，第160特戰航空團隨即從1994年2月開始MH-60K的操作訓練。

從計畫啟動的1987年起算，美國陸軍共花了7～8年時間才讓MH-60K投入服役，相較下MH-60L的開發測試到投入作戰則只花了2年左右，由此也可看出MH-60K的複雜性（MH-60L除了構型遠較MH-60K簡單外，波灣戰爭帶來的急需，也加速L型的發展時程）。

原本美國陸軍還有購買另外38架MH-60K的選擇權，不過整合了許多精密設備的MH-60K價格非常昂貴，1991財年採購時的平均單位成本高達2752萬美元（比同時期採購的MH-47E還貴！），在預算限制下，美國陸軍始終沒有執行這筆選擇權，改以較便宜的MH-60L彌補數量上的不足，最終MH-60K的採購量便只有22架（另有1架原型機）。

於是得以配備MH-60K的單位，也就只剩160特戰航空團第1營的C、D連，兩個連各配備10架，剩餘2架則交由航空團直轄的特種航空作戰訓練連（SOATC）操作，用於訓練任務。

MH-60K服役也進行數次升級，首先是夜視鏡／頭盔顯示器的引進。特戰司令部從1996年起為轄下的特戰直升機陸續引進了以色列Elbit公司的ANVIS 7夜視／抬頭顯示系統（NVG/HUD），最初配備在MH-47E與MH-60K兩種機型上，其餘機型也將先後換裝。

■ MH-60K最終配備在美國陸軍的數量僅22架，只能供第160特戰航空團第1營的2個連各使用10架，其餘單位則使用MH-60L。 US Army

當時間進入21世紀後，特戰司令部又規劃為MH-47E與MH-60K換裝更先進、整合性更高的ALQ-211整合無線電射頻反制系統套件（SIRFC），並於2005年起先後簽定數筆SIRFC採購合約。

新世代特戰型黑鷹—MH-60M

隨著美國陸軍陸續以新的UH-60M替換舊型的UH-60A/L，160特戰航空團也準備引進基於UH-60M發展的MH-60M作為新一代特戰機型，藉以替換掉現有的MH-60K/L/DAP等機型，除提高任務能力外，也能簡化機種、改善後勤作業。

MH-60M的基本次系統大致與UH-60M相同，包括雙重自動飛控系統、新型全複合材料寬弦主旋翼葉片、主動震動控制系統、自衛電戰套件等設備，並將採用基於通用航電架構系統（Common Avionics Architecture System, CAAS）的全玻璃化座艙，以便與160特戰航空團其他採用CAAS架構的機型（如MH-47G、MH/AH-6M）取得共通性（UH-60M的第二階段量產型UH-60Mu也會採用CAAS架構座艙）。

除沿襲自UH-60M的基

MH-60A、MH-60L與MH-60K的識別

一般識別原則是機頭只有前視紅外線轉塔、沒有雷達、也沒有空中加油管的是MH-60A；有雷達、雷達罩較大的是MH-60L；有雷達、雷達罩較小、雷達罩後方基座相對較大的是MH-60K。

若設有空中加油管的一定是L或K型，但要注意L型並未全面安裝空中加油管，只有部份機體擁有這項裝備，MH-60K則是全面配備空中加油管；若在機體兩側安裝下垂式ESSS外部掛架的通常是A或L型，安裝上翹式SSSS外部掛架的則多是K型。

電戰系統天線的型式與安裝位置，亦是一個識別方法，後期型MH-60L也安裝了AAR-47飛彈接近警告系統，其中負責涵蓋前半球的兩組感測器，分別設置在機鼻左右兩側，外觀上十分明顯；MH-60K亦配有AAR-47，但負責前半球覆蓋的兩組感測器分別安裝在左右兩側主起落架基座前方，位置十分特別，從這點亦可與MH-60L區分。

至於MH-60K機鼻左右靠較外側的兩組天線則是其他雷達警告接收器的天線，形式與位置均與MH-60L的AAR-47感測器不同。

MH-60M構型特徵

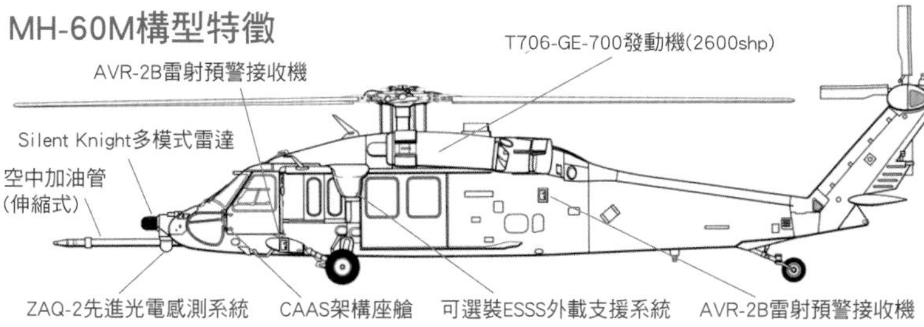

本設備外，MH-60M還將採用一系列特戰型專有設備，包括功率更大的新型T706發動機、60KVA發電機、附有衛星通訊功能的ARC-201D無線電機、新型多模式雷達（註21）、空中加油管、電氣驅動的外部救援用吊索、雷神的ZSQ-2先進光電感測器系統（EOSS），以及美國特戰司令部（USSOCOM）指定的新一代特戰直升機標準電戰系統——ITT公司的ALQ-211整合無線電射頻反制系統套件（SIRFC）等。

註21：美國陸軍雖未公開MH-60M採用的新型雷達型號，不過推測應該是美國特戰司令部在2007年初與雷神公司簽約發展的Silent Knight雷達（SKR）。SKR是新一代通用地形追隨／地形迴避雷達，採用Ku波段作業，預定用在美國特戰司令部所屬的固定翼與旋翼機上，包括MH/HH-47、HC-130H、MH-60M與CV-22等機型。

MH-60M預定採用GE由民用型CT7-8B5發展而來的T706-GE-700發動機，輸出功率達到2600匹軸馬力等級，較UH-60L與MH-60L/K系列當前使用的T700-GE-701C（1900匹軸馬力等級）高出近37%，也比UH-60M的T700-GE-701D（2000匹軸馬力等級）高出30%，可顯著改善MH-60M的高溫、高海拔操作性能。

美國陸軍從2008財年開始編列MH-60M的量產預算，第160特戰航空團則於2011年2月正式接收了頭2架量產型機體。美國特戰司令部原本打算購買72架MH-60M，以便能以1比1的方式替換現有的72架舊型MH-60L/K，不過受限於預算問題，採購量可能會被削減到61架。

這些MH-60M將分為2種基本構型——

■ MH-60M為美國陸軍最新一代特戰直升機，外型與MH-60K十分相似，外觀差異在於機鼻下的ZSQ-2光電轉塔，尺寸明顯比MH-60K AAQ-16轉塔大許多。

■ MH-60M也沿襲通用型UH-60M新發展的次系統與設計，如末端帶有下掠角的全複合材料主旋翼葉片。

突擊型與DAP型，分別對應現有的MH-60K/L與MH-60L DAP，部份突擊構型的HM-60M會被改裝為指揮管制型。其中DAP型的MH-60M任務構型與既有的MH-60L DAP大致相似，同樣安裝了縮短型ESSM，可藉以攜帶包括機砲、2.75吋火箭與地獄火飛彈在內的各式武器。

美國空軍的鋪路鷹

除了美國陸軍，美國空軍也擁有可用於執行特戰任務的黑鷹直升機衍生型，即著名的鋪路鷹（Pave Hawk）系列。鋪路鷹直升機的誕生過程頗為曲折，可追溯到1980年代初期美國空軍的一系列戰鬥搜救（CSAR）直升機開發計畫。

當黑鷹直升機於陸軍服役之後，美國空軍也在1981年決定引進這款新型直升機，以便接替原由HH-3E與HH-1承擔的戰鬥搜救任務。1982～1983年間陸續接收11架UH-60A後，美國空軍將其中序號82-23718的機體改裝為專業戰鬥搜救型的原型機，並賦予HH-60D Night Hawk的新代號，另外1架作為儲備機，其餘9架則用於飛行訓練。

美國空軍最初打算採購多達243架HH-60D，這款機型將安裝救援用吊索、內載輔助油箱、伸縮式空中加油管、氣象雷達、前視紅外線轉塔、先進自衛電戰套件等裝備，以及更強的自衛壓制武器，另外還將安裝用於攜帶外在副油箱的上翹式外載掛架。

■ 美國空軍1980年時的HH-60D夜鷹戰鬥搜救直升機概念，除裝有氣象雷達與空中加油管、還有如海軍型的外載副油箱，與發動機排氣訊跡抑制系統等。

由UH-60A改裝的HH-60D原型機於1984年2月4日完成首飛，該機主要用作概念展示與基本系統驗證，仍沿用UH-60A的基本航電系統，而未安裝量產機預定配備的完整先進電子設備。

然而空軍耗資龐大的HH-60D採購計畫未能獲得國會支持，空軍在1984年初宣布將HH-60D採購規模降到89架，另外搭配採購66架HH-60D的簡化型HH-60E（主要是移

■ 1984年試飛的HH-60D，該機是由UH-60A改裝的概念驗證機，雷達與前視紅外線等航電設備都只是模型，並以上翹式掛架攜帶2具副油箱。該方案最後遭取消。

除了氣象雷達與夜視裝備）。

僅管美國空軍大幅下修了新型戰鬥搜救直升機採購數量，但調整後的155架HH-60D/E採購規模，依舊無法獲得政界支持。最後HH-60D計畫遭取消，HH-60E甚至還未進入原型機階段就胎死腹中。

美國空軍只能退而求其次，另外推出一種廉價型HH-60A。原來的那架HH-60D原型機被改為HH-60A原型機，HH-60A原型機改用承襲自UH-60A航電系統為基礎所發展的簡化型航電套件，並於1985年7月3日首飛。空軍同時也再次下調採購規模，只打算購買99架HH-60A，但結果還是未能說服國會為HH-60A計畫撥款，這架HH-60A只能入庫封存。

■ 1982年時，甫完成交機、正飛往佛州艾格林基地配屬第55航太救援與回收中隊的UH-60A，其後來接受Credible HawkSikorsky方案，加裝空中加油管與航電等設備。　Sikorsky

面對預算的現實，美國空軍決定採用最省錢的做法，為既有UH-60A機體進行「最小幅度」改裝，使之能執行戰鬥搜救與特戰任務，改裝後的機體被稱為UH-60A Credible Hawk。

Credible Hawk加裝伸縮式空中加油管、固定安裝在貨艙後部的1具117加侖（443公升）內載副油箱、HIRSS排氣訊跡抑制系統，並以.50口徑的GECAL M218機槍，替換兩側射手窗原本使用的M60D機槍。為節省成本，Credible Hawk並不包含航電方面的改進，僅修改了座艙儀表照明，使之能配合夜視鏡操作。

美國空軍接收的頭11架UH-60A中，除被改裝為HH-60D/HH-60A原型機的那一架外，其餘10架原本被撥交給駐佛羅里達埃格林基地（Eglin AFB）第55航太救援與回收中隊的UH-60A，都被改裝到Credible Hawk規格。這些機體先送到塞科斯基位於阿拉巴馬州特洛依（Troy）航空站的維修部門，安裝空中加油管、內載副油箱與新的燃油控制面板，然後送到彭薩科拉（Pensacola）海軍航空站改進儀表板。某些機體另以185加侖（700公升）容量的內載副油箱，替代早先使用的117加侖油箱。

Credible Hawk這種改裝構型獲得初步成功後，美國空軍又在1987～92財年採購6批次共93架新造機體，並將這款機型重新命名為MH-60G Pave Hawk。1989財年以後訂購的新造機體都改用UH-60L規格建造，擁有功率更大的T700-GE-701C發動機與改進的齒輪箱。

■ 鋪路鷹初期座艙儀表變化，上圖為大致沿用UH-60A的基本型，增設1具氣象雷達的顯示器；下圖為接受第二階段延伸改進時，進行部份玻璃化改裝，增設2具多功能顯示器與中央2組座艙管理系統控制顯示單元，還有1支控制FLIR轉塔的搖桿。　USAF

與此同時，空軍也為MH-60G機隊進行了概分為兩階段的升級，第一階段包括在右側艙門增設搜救用吊索、在機鼻左側安裝漢寧威公司（Honeywell）的APN-239輕型氣象／地形繪圖雷達（即Bendix-King 1400C雷達），BAE系統的ASN-137都卜勒導航系統、Teldix公司的KG-10移動地圖顯示器、URC-108衛星通信系統與ARC-210整合通信系統、洛克威爾．柯林斯的ASN-149 GPS接收機、ARS-6個人定位系統，以及包括APR-39A(V)1警告系統、M-130干擾絲／熱焰彈灑佈器與ALQ-144紅外線干擾機在內的自衛電戰系統。

後續的第二階段升級則於機鼻下方安裝AAQ-16 Pave Low III 前視紅外線轉塔、為座艙進行部份「玻璃化」升級（儀表板設置2具AMLCD多功能顯示器與抬頭顯示器）、引進可整合通信導航系統操作的座艙管理系統（CMS）、Litton環形雷射陀螺儀、兩側艙門各增設1挺.50口徑機槍（射手窗機槍繼續沿用），還增設用於協助夜間空中加油作業的紅外線照明燈。

受限於預算，只有16架供特戰單位使用的MH-60G接受完整的兩階段升級，其餘82架戰鬥搜救單位所屬的MH-60G則只接受第一階段升級。

美國空軍也在1992年1月1日改用新的編號規則，將空戰司令部（ACC）轄下戰鬥搜救中隊使用的MH-60G重新編號為HH-60G（共82架），代稱仍為Pave Hawk，取代HH-3E成為空軍新一代主力戰鬥搜救直升機；至於空軍特戰司令部（AFSOC）所屬特戰中隊操作的機體則仍維持MH-60G編號（16架），構成搭配MH-53J/M鋪低III/IV（Pave Low III/IV）重型特戰直升機的輔助力量。

經過這次編號重整，駐埃格林基地的第55特戰中隊（SOS）（由前面提到過的第55航太救援與回收中隊改編），在1992年4月成為首支操作MH-60G的單位，駐新墨西哥州科特蘭（Kirtland）基地的第512特戰中隊則是第2支接收MH-60G的單位，這兩支特戰中隊也是唯二的MH-60G單位。

■ MH/HH-60G在外型上的特徵，包括機鼻左側的APN-239雷達、右側空中加油管，與機鼻下方的前視紅外線轉塔等。圖為301搜救中隊的HH-60G。 USAF

至於美國空軍空戰司令部轄下的戰鬥搜救中隊（RQS），也從1991年底開始接收HH-60G，到1994年共有第38、第66、第56、第304、第102、第129、第210、第33、第39、第48、第305、第301、第41等13支戰鬥搜救中隊展開換裝，其中第38、第56、第210與第33等4支戰鬥搜救中隊為駐外單位，分別駐韓國、冰島、阿拉斯加與沖繩，位於奈里斯基地的戰鬥搜救學校

■ 美國空軍特戰司令部下的特戰中隊，MH-60G主要是作為圖中MH-53H、MH-53J等鋪低(Pave Low)系列大型特戰直升機的輔助角色。 US DoD

也於1994年接收HH-60G。

後來美國空軍又在1997財年增購另外8架HH-60G，並於1998年交機。不過或許是機體在不同單位間調撥的緣故，到1998年底時，美國空軍只剩9架鋪路鷹仍在AFSOC轄下，並維持使用MH-60G編號，稍後從2000年起，美國空軍又把所有鋪路鷹機體的編號統一改為HH-60G，由於不同裝備構型的機體都被統稱為HH-60G，也造成外界識別上的一些混亂。

不過隨著美國空軍調整鋪路鷹操作單位的屬性與任務重心，第512與第55特戰中隊分別在2000年10月與2003年1月改編為戰鬥搜救中隊，因此自2002年底以後，也不再有依單位任務區分MH-60G與HH-60G的必要。當然在必要時，空軍特戰司令部還是能向空戰司令部借調戰鬥搜救中隊所屬HH-60G支援特戰任務，不過空軍特戰司令部轄下便不再有裝備MH-60G的單位。

鋪路鷹的升級

美國空軍在1990年代後期為HH-60G規劃新一輪升級計畫，以改善鋪路鷹系列既有的功能缺陷，並透過升級來逐漸統一不同配備構型的HH-60G規格。第一部份是為較早生產的機體換裝T700-GE-701C發動機，從1999年11月起陸續升級了33架。

第二部份是代稱為Block 152的導航、通信與整合電戰設備升級（UCN/IEW）。Block 152原本只是一項小規模修改計畫，只打算在機上可用空間安裝幾項新設備，不過後來工程規模逐漸擴大，最後幾乎重新調整了所有航電系統的安裝位置。

Block 152升級的核心是引進強化的通信與電戰設備，並將其整合在1553B匯流排航電基礎架構下，以減輕飛行員操作負擔。增設了洛克威爾．柯林斯的ARC-220 NOE貼地飛行用HF無線電、ARC-222無線電、衛星通信系統、HAVE QUICK II保密系統，以及1套ARC-513海上VHF/FM無線電套件，並在座艙中增設一套CDU控制顯示單元，可透過1553B匯流排整合所有通信與導航系統的操作。

隨著通信系統的更新，HH-60G的天線配置也有所更動，在垂直安定面頂端設置一組新的VHF鞭形天線，取代早先設於垂直安定面前方與駕駛艙兩側後方的VHF天線。

Block 152構型的電戰套件幾乎全面翻新，引進BAE的AAR-47飛彈預警系統，以

MH/HH-60G Pave Hawk構型特徵 pre-Block 152 configuration

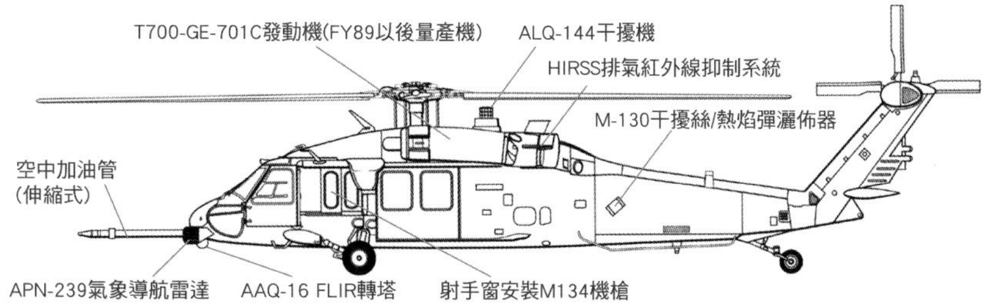

Block 152 configuration

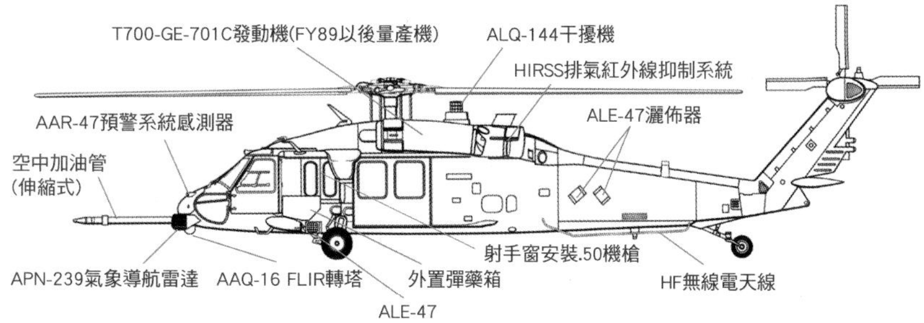

■ 投放熱焰彈的HH-60G Block 152構型，經過全面換新的電戰自衛系統，不僅提高反制效率，ALE-47干擾絲／熱焰彈灑佈器的組數也增加。
USAF

■ 駐奈里斯基地的第58與第66搜救中隊，均有將雷達置於機鼻中央的HH-60G，圖為第66搜救中隊所屬機體，不過此構型在美國空軍僅為少數。 USAF

及以ALE-47干擾絲／熱焰彈灑佈器取代以前使用的M-130灑佈器，灑佈器數量也從早先的2組大幅增加到6組（兩側主起落架各1組、貨艙後方的機體兩側各2組），並透過一套TERMA公司的ALQ-213電戰管理系統來整合電戰系統的作業，可提供手動、半自動與全自動反制模式，相較下以前的APR-39與M-130的組合，只能以手動方式實施反制作業。

某些資料記載Block 152計畫還為HH-60G引進新的雷神ALR-69雷達警告接收器（RWR），替代原先使用的APR-39A(V)1雷達警告系統，並搭配一套與ALR-69整合使用的ALQ-202雷達干擾機。

接受Block 152升級的HH-60G機體都全面安裝AAQ-16前視紅外線轉塔（先前並未全面安裝），飛控方面亦增設一套高度保持／懸停系統（AHHS），可提供水面上自動高度保持功能，改善水上搜救作業性能。另外射手窗的機槍支撐機構也有修改，以換裝口徑更大的.50機槍，並能使用安裝在機體外部的彈藥箱；機體兩側也增設用於安裝ESSS外部掛架的機構——儘管空軍的鋪路鷹幾乎從來沒實際使用過ESSS外部掛架。

某些HH-60G機體似乎還修改了APN-239雷達的安裝位置，從原來機鼻下方略靠左側，改到機鼻中線較高位置，藉此可改善維護便利性（註22）。

■ 重視航程性能的美國空軍HH-60G，主要透過空中加油(上)或貨艙內載油箱(下圖標示處)增加燃油攜帶量，從服役以來，幾乎未曾配備其他黑鷹系列常見的外掛副油箱。

註22：從2000年以後拍攝的照片可判斷，駐奈里斯基地的第58與第66搜救中隊，均操作有這種將雷達置於機鼻中央的HH-60G（這讓這種HH-60G的外形十分接近陸軍

的MH-60K）。不過絕大多數現役HH-60G仍是採用將雷達配置在機鼻左側下方的位置。

Block 152升級計畫從1999年4月正式啟動，很快就在同年5～6月完成第1架Block 152構型的HH-60G原型機（序號92-26460），該機隨即被送到奈里斯基地的第422測評中隊進行為期6個月測評，第一批Block 152升級總共包含48架機體，規劃於2007年完成全部升級作業（註23）。

註23：安裝AAQ-16B前視紅外線轉塔的升級工程所涵蓋的機體數量，似乎超過Block 152計畫的數量。現在看到的HH-60G幾乎都配備AAQ-16轉塔。

當Block 152升級正在執行時，美國空軍又在2003年啟動一個新的Block 162升級計畫（註24），主要內容是為HH-60G換裝全玻璃化座艙、新型自衛輔助系統，以及規模較小的結構延壽計畫（SLEP），另外還將移除設於貨艙後部的內載輔助油箱，以便增加貨艙空間，至於因此而損失的燃油攜載量，則考慮引進上翹式外部掛架攜帶的外載副油箱來彌補（註25）。

註24：不過在此之前的2000年底，就已有媒體刊出關於鋪路鷹Block 162升級規格的相關報導。因此Block 162升級計畫的構想應在2000年前就已成形。

註25：美國空軍雖曾在1984年試飛的HH-60D原型機上試用過外載輔助油箱，但在後來MH/HH-60G發展與服役過程中，或許是基於搜救作業便利性（外載油箱會妨礙兩側視野與艙門出入）、預算與空運便利性考量，一直都只使用固定安裝在貨艙後部、會減少貨艙可用空間的內載輔助油箱，或採用空中加油，幾乎從未在實際任務中配備外部掛架與外載油箱系統。

但考慮到HH-60G機隊機齡已高，1981、82財年引進的頭一批機體，到2000財年便達到操作壽限，且美國空軍長久以來便對鋪路鷹的航程、載重

■ 雖然美國空軍HH-60G的服役時間常已相當長，且頻繁的實戰任務勢必加速耗損，但接替的機型目前卻出現難產僵局，尚未化解。

美國空軍鋪路鷹VS.美國陸軍黑鷹特戰型

■ 只裝有機鼻氣象導航雷達，未加裝前視紅外線轉塔的美國空軍的HH-60G，目前也較少見。

美國空軍的MH/HH-60G鋪路鷹與美國陸軍的MH-60K/L黑鷹特戰型，在構型特徵方面有許多相似之處，但由於各自在所屬軍種中享有的預算優先度不同，空軍鋪路鷹家族的配備規格一直落在陸軍的黑鷹特戰型之後。

如在動力系統方面，在二○○○年以前，鋪路鷹機隊中有多達三分之一的機體仍使用功率較低的舊型T700-GE-700發動機與舊齒輪箱，從一九九九年以後才陸續升級；而陸軍的MH-60K/L從一開始便全面採用T700-GE-701C發動機與新齒輪箱。

在航電與任務系統方面，陸軍的MH-60K一開始便擁有完善的航電與自衛電戰裝備，也是黑鷹家族中唯一配備地形追隨雷達的機型，相對低階的MH-60L經過數次升級後，亦擁有相當完整的任務航電與自衛電戰系統；相對的，空軍的鋪路鷹直升機長期以來可說是因陋就簡，就連前視紅外線轉塔最初也未普遍安裝，直到Block 152升級後，才擁有較完善的通信、導航與自衛電戰系統，但仍缺乏MH-60K/L的全玻璃化座艙，等到二○○三年以後的Block 162升級中，才納入全玻璃化座艙項目。

能力、貨艙空間、生存性等性能都有所不滿，從2005年起便在人員回收載具（PRV）計畫——即後來的CSAR-X計畫下，開始尋找新一代CSAR機型，繼續在HH-60G機隊升級上投入大筆資金顯然不合效益。

因此美國空軍對於推動Block 162升級計畫的態度似乎並不積極，外界也一直沒有看到實際升級為Block 162構型的HH-60G，該升級計畫的執行情況如何仍不得而知（註26）。

註26：Block 162計畫的提出至今已過多年，若確實有執行的話，外界理應多少能看到一些已改為這種構型的HH-60G機體，而要辨認鋪路鷹是否經過Block 162升級也不困難，全玻璃化座艙是此構型的一大特徵，只要有近距離公開展示，從座艙儀表便可很容易辨認。但目前所能找到的HH-60G照片，都沒能看到有全玻璃化座艙構型。

■ 160特戰航空團下保有MH-60系列與CH-47等特戰人員運輸用直升機，左上為其隊徽與Night Stalkers(暗夜潛行者)代稱。

美國空軍在2006年底定案決標的CSAR-X計畫中，選擇波音HH-47為新一代戰鬥搜救直升機，打算從2012年起逐步替換HH-60G機隊。然而CSAR-X計畫的競標與採購程序卻受到外界質疑，加上國防高層亦不支持空軍的採購決策，空軍雖試圖重開競標，但整個計畫仍在2009年以後陷入停擺。

由於空軍繼任的戰鬥搜救任務機型陷入難產，為既有HH-60G機隊繼續進行升級與延壽，也變得勢在必行。最新的消息是美國空軍剛在2011年3月與雷神公司簽約，預定引進採用新一代紅外線感測元件的AAQ-29A前視紅外線轉塔，取代HH-60G目前使用的AAQ-16。M

第160特戰航空團編制沿革

第160特戰航空團發源於1980年初組建的第158特遣隊，該特遣隊原本是基於執行第2次伊朗解救人質作戰而編組的臨時性單位，在第101空中突擊師指揮下，進行各項空中機動突擊作戰的戰術探索與夜間飛行訓練。

由於伊朗人質事件最後以外交交涉方式解決（1981年1月），預定中的第2次解救人質作戰「Honey Badger行動」也隨之取消，第158特遣隊原本準備解編，讓被抽調人員歸建，不過考慮到因應日後恐怖活動的需求，陸軍高層提出讓該單位常設化的構想，於是158特遣隊在1981年改編為160特遣隊，稍後在1981年10月16日正式在肯塔基州坎貝爾堡（Fort Campbell）編成為第160航空營，但仍在101空中突擊師建制下。

當時160航空營下轄A/B/C/D四個連、整備連（MAINT）、負責飛行員招募與訓練的特種航空作戰訓練連（SOATC），以及負責特殊裝備研發的系統整合維護辦公室（SIMO）等單位。

到了1986年，隨著美國陸軍在喬治亞洲Hunter機場新組建的第129特戰航空連等新單位陸續加入，第160航空營也在1986年10月16日擴編為第160航空群（空降），然後在1990年6月又進一步擴編為擁有3個直升機航空營的第160

■ 除了搭配美國陸軍特戰部隊，在美國特戰司令部節制指揮下，160航空特戰團也支援友軍與盟國特戰演訓與行動，其中包含海軍海豹小組(上及下)。

特戰航空團（空降），並納入陸軍特戰司令部（USASOC）的指揮。該單位除了下轄3個航空營以外，還有SOATC連、SIMO辦公室，以及2個分別駐在韓國大邱（第2營E連）與巴拿馬（第3營D連）的分遣連（從巴拿馬撤軍後改駐波多黎各）。

2001年911事件後，基於全球反恐戰爭的需求，160特戰航空團在2002年7月又擴編了第4營，日後還準備擴編為旅級規模。目前160特戰航空團共編制有3000名兵員，到2015年將擴充到3600名，本部與第1、2營都駐於坎貝爾堡，第3營駐喬治亞洲Hunter機場，第4營則駐華盛頓州Lewis-McChord聯合基地。

建制上第160特戰航空團隸屬美國陸軍特戰司令部轄下，並接受更高層的美國特戰司令部（USSOCOM）的跨軍種統一指揮協調，為跨軍種的特戰任務提供直升機方面的航空支援，包括部隊滲透、撤收、補給與救援等等。如先前狙殺奧薩瑪．賓拉登的行動中，據傳就是由第160特戰航空團出動2架MH-60修改型與3架MH-47直升機，負責運載海軍的海豹6隊（SEAL Team 6）執行。M

CHAPTER 5

Navy's Variation－Seahawk and Oceanhawk

第五章 海鷹與洋鷹反潛直升機

美國海軍在1970年代中期展開的LAMPS III計畫中，決定直接採用美國陸軍同時期在「通用戰術運輸飛機系統」計畫（UTTAS）發展的8.5～9噸級新型直升機，並在1977年9月正式選擇塞科斯基的S-70B，發展為新一代LAMPS直升機SH-60B海鷹（Seahawk），用以接替SH-2D/F LAMPS I的角色。

一直以來，美國海軍的航艦艦載反潛直升機，與搭配驅逐艦、巡防艦等水面艦的反潛直升機，是兩條完全不同路線。美國海軍早在1951年便成立第一個搭配航艦作業的反潛直升機中隊（Helicopter Anti-Submarine Squadron, HS），到1970年代為止，先後換裝過HO4S、HSS-1與HSS-2/SH-3等三代機型。

相對的，美國海軍的水面艦則要到1963年才正式配備首款反潛直升機，而且還是無人操作的DASH無人反潛直升機。而後在1960年代後期啟動的輕型機載多用途系統（Light Airborne Multi-Purpose System, LAMPS）計畫下，才於1973年接收第一種有人駕駛的反潛直升機SH-2D海妖（Seasprite），同時也成立負責操作這種機型的輕反潛直升機中隊（Helicopter Antisubmarine Squadron Light, HSL）。

此後美國海軍的反潛直升機部隊便形成雙軌制——配備SH-3海王、與航艦搭配的直升機中隊（HS），以及配備SH-2海妖、與水面艦搭配的輕型直升機中隊（HSL）。直升機中隊與輕型直升機中隊兩種單位無論在任務型態，還是在配備的機體方面都大相逕庭，不過這情況在1980年代以後出現變化。

美國海軍在1970年代中期展開的LAMPS III計畫中，決定直接採用美國陸軍同時期在「通用戰術運輸飛機系統」計畫（UTTAS）下發展的8.5～9噸級新型直升機，並在1977年9月正式選擇塞科斯基的S-70B，發展為新一代LAMPS直升機SH-60B海鷹（Seahawk），用以接替SH-2D/F LAMPS I的角色。

海鷹的最大起飛重量比海妖高出將近三分之一，雖然無法適用於舊型水面艦（只有1970年代以後規劃建造的新型水面艦艇，才能搭載海鷹），但也帶來另一項附帶效益——當時航艦反潛直升機中隊使用的海王系列已服役將近20年，也準備開始尋找後續的替代機型。考慮到海王系列屬於9噸級機體，當配合水面艦運用的LAMPS Mk III採用8.5～9噸級的S-70B機體後，這種新機體顯然也具備擔任海王系列接班人的潛力。

儘管航艦反潛直升機與LAMPS直升機的任務設備存在許多差異，但若能在基本的機體上取得統一，無論在訓練或後勤維護上都能大幅簡化，於是便促成海鷹的衍生型——SH-60F航艦用反潛直升機的誕生。

■ SH-2F降落於諾克斯級巡防艦上，其較小的機體，讓航艦以外的美軍水面作戰艦，都能獲得比DASH無人機更完整的航空反潛能力，也是美國海軍採用海妖直升機的主要原因。 US Navy

LAMPS Mk III計畫的新需求

當1971年初選擇以HH-2D海妖直升機作為LAMPS載台後，美國海軍便開始發展更進步的LAMPS系統，稱為LAMPS Mk II，先前的版本則改稱LAMPS Mk I。

海軍委由卡曼公司（Kaman）改裝了2架HH-2D，安裝APS-122搜索雷達與改良型反潛設備，充作LAMPS Mk II的實驗平台，從1972年3月開始試飛。這2架機體被賦予YSH-2E的編號，除擁有孔徑更大的APS-122雷達，可改善偵測能力外，資料鏈供能也有改進，不僅能傳輸聲納浮標信號，也能用於傳送雷達圖像。

以YSH-2E的試驗成果為基礎，美國海軍原定改裝20架量產型的SH-2E，然而聲納技術在1970年代的新發展，又再次促進了新一代反潛直升機需求。

以SOSUS固定陣列聲納技術為基礎的戰術拖曳陣列聲納（Tactical Towed-Array Sonar），在1970年代逐漸實用化，比起戰略監測用途、固定設置的SOSUS，戰術拖曳聲納陣列可由艦艇搭載機動運用，任務彈性大幅提高。

美國海軍從1973年開始，先在MSO-520與MSO-521兩艘遠洋掃雷艦進行原型戰術拖曳聲納陣列SQR-15的海上試驗，量產型的SQR-18戰術拖曳聲納陣列則預定從1976財年開始生產，包括諾克斯級在內的所有主要反潛水面艦都會配備這種新裝備，另外更先進的SQR-19也在發展中，將用於規劃中的新一代水面艦。

藉由拖曳聲納陣列，可使水面艦的水下偵測能力超越原來SQS-26艦艏聲納所能及的第1匯聲區範圍，而達到40～50海浬以上、甚至是100海浬遠的第3匯聲區，這也對反潛武器提出更高要求，才能充分應用水下偵測範圍擴展所帶來的效益。

然而對既有的LAMPS Mk I系統來說，受限於海妖直升機的機體規模，若以在作業區滯空1.5～2小時為準，只能在離艦30～40海浬的範圍內作業，若將作業時間降低到1小時，則作業距離可延伸到離艦50海浬左右，而這已經是LAMPS Mk I機體與任務設備性能的極限。若進一步延伸的作業距離，不僅會影響到在任務區的滯空作業時間，也有失去與母艦的直通視距接觸、導致超出AKT-22資料鏈有效通聯範圍之虞（受限於載重，海妖未配備聲納信號處理器，須透過AKT-22資料鏈將聲納信號傳回母艦、由母艦進行聲納信號處理，才能執行反潛作業）。

顯然的，拖曳陣列聲納的偵測範圍遠大於海妖機體所允許的任務半徑，若要搭配偵拖曳陣列聲納作業，就必須改用機體規模比海妖更大、酬載—航程性能更好的新機型。

認識到海妖直升機的機體無法滿足搭配拖曳陣列聲納作業需求後，海軍便擱置了YSH-2E發展，未量產這種引進新型任務設備的構型，同時海軍也決定跳過LAMPS Mk II，另外發展新的LAMPS Mk III。

新機體與新需求

美國海軍於1973年10月正式啟動LAMPS Mk III計畫，並開始尋找適用的新機體。先前海軍所使用的前幾代艦載直升

■ 充作LAMPS Mk II試驗平台的YSH-2E原型機，這架149033號機最初搭載圖中的APS-115雷達，後來改裝APS-122雷達與新任務設備，於1972年3月7日由第31輕型反潛直升機中隊開始試飛，同年6月於福斯號領導飛彈驅逐艦(USS Fox, DLG-31)進行艦載試驗。 US Navy

■ 編號150169的YSH-2E原型機在1972年3月28日首飛。機頭下方已改裝尺寸更大的APS-122雷達罩，機頭上方與機尾下方也增設資料鏈天線，性能雖優於LAMPS Mk I，但美國海軍決定發展更大的LAMPS III，並未採用LAMPS Mk II。 US Navy

■ 在美國海軍決定LAMPS Mk III將採用8.5～9噸級機體後，性能也將足以接替SH-3海王系列，作為航艦反潛直升機使用，LAMPS與航艦反潛直升機也能在機體上取得統一，圖為SH-60F與SH-3H的兩代航艦反潛直升機編隊。 US Navy

機，如HSS-1海蝙蝠（1962年後編號改為SH-34）、HSS-2海王（後來編號改為SH-3系列）或SH-2海妖等，都是海軍專為自身需求而開標發展的機體，後來才又衍生出其他型式（註27）。

註27：SS-1與HSS-2採用的塞科斯基S-55與S-61機體，最初都是針對海軍反潛直升機需求而設計。卡曼的SH-2系列最初是為因應海軍通用直升機需求而設計，一開始的編號是HU2K-1，後改為UH-2A，接下來又衍生出雙發動機的UH-2C、搜救用途的HH-2C/D與反潛用的SH-2D/F系列。

不過當美國海軍啟動LAMPS Mk III計畫時，美國陸軍也正在「通用戰術運輸飛機系統」計畫下，發展8.5～9噸級的新型通用直升機。研究過陸軍的計畫規格後，海軍認為可滿足LAMPS Mk III的需求，於是便將LAMPS Mk III的新型直升機機需求，設定為相容於陸軍「通用戰術運輸飛機系統」計畫規格，打算利用後者開發出的新直升機作為平台，搭配海軍獨有的感測器與武器系統，以承擔新一代的反潛通用直升機任務。

直接利用陸軍直升機計畫的成果，而不另外重新開發新機型，雖然能讓美國海軍省下許多麻煩，也有助於降低長期量產與操作成本（特別是在越戰後經費緊绷的時期）。但也意味著海軍新一代的LAMPS艦載直升機，將從海妖的6噸等級輕型機一躍成為8.5～9噸級中型機。起飛重量的大幅增加，雖能帶來更好的酬載—航程性能，並搭載更完備的任務設備，但也對艦載運用帶來更高門檻。

固然1970年代以後規劃建造的新一代水面作戰艦艇，都預留了搭載、操作8～9噸級艦載直升機的餘裕，不過既有的諾克斯級等老式艦艇，顯然就無法升級到搭載LAMPS Mk III的規格。

若從另一方面來看，LAMPS Mk III採用更大的機體，雖有無法適用於舊型艦艇的副作用，但也能帶來另一項附帶效益——當配合水面艦運用的LAMPS直升機改用起飛重量提高到8～9噸級的新機體後，理論上也擁有兼用作航艦反潛直升機、接替航艦反潛直升機中隊使用的SH-3海王系列。

當時航艦反潛直升機中隊使用的海王系列已服役近20年，也到了開始尋找替代機型的時候。海王系列本身是9噸級機體，若LAMPS Mk III決定採用8.5～9噸級的UTTAS機體，其衍生型顯然也有作為

■ 受限甲板與機庫規模難以擴充(或改裝代價太高)，美國海軍決定將諾克斯級等較早服役的船艦排除在LAMPS Mk III運用規格外，使其持續使用SH-2D/F海妖式至除役。US Navy

海王系列接班人的潛力。僅管航艦反潛直升機與LAMPS直升機的任務設備存在許多差異，但若能在基本的機體平台上取得統一，無論在訓練或後勤維護上都能大幅簡化。

LAMPS III競標—老對手第二次對決

當塞科斯基以YUH-60A擊敗波音—弗托公司（Boeing Vertol）的YUH-61A，於1976年12月23日贏得美國陸軍「通用戰術運輸飛機系統」計畫量產合約後，隨即將工作重點轉到美國海軍以此設計為基礎的新型反潛／反水面艦標定（ASW/ASST）直升機需求上。

塞科斯基推測，在陸軍「通用戰術運輸飛機系統」計畫中的對手波音—弗托，應該也會向海軍提出一種基於YUH-61A的海軍型版本參與競爭。僅管塞科斯基在陸軍競標中擊敗波音—弗托，在海軍競標理應占有先天優勢，但此時美國國防部卻也傳出風聲，反對讓單一廠商同時承包陸軍與海軍的新型直升機發展與生產工作。

此外波音—弗托雖然在陸軍「通用戰術運輸飛機系統」計畫中競標失利，但仍持續改善YUH-61A設計，希望能在海軍的計畫中扳回一城。波音—弗托把改進重點放在減振，傳聞指出，透過獨特的傳動系統—機身隔離系統，波音—弗托可在不抬高主旋翼安裝高度下，就達到抑制振動的目的。相對的，塞科斯基則採用代價較大的抬高旋翼高度方式，來解決振動過大問題（註28）。

■ 波音－弗托參與美國海軍LAMPS III競標的Model 237方案(下)，修改自參與美國陸軍競標的Model 179(即YUH-61A，上圖)，擁有旋翼與機體摺疊機構，以及增設掛架等修改，在減振等性能上也要比塞科斯基UH-60更佳。 Boeing

塞科斯基將海軍型S-70的設計工作，交給曾任職卡曼公司、有過SH-2 LAMPS Mk I反潛航電系統整合經驗的斯佛瑞（Frederick Silverio）帶領一個小組負責。針對美國海軍需求，斯佛瑞小組目標是滿足所有海軍需求的同時，仍維持與陸軍型至少60％的共通性，塞科斯基內部最初將這種海軍型稱為S-70L，後來改稱為S-70B。

■ 近年來美國陸、海軍進行的聯合訓練證明，陸基的UH-60黑鷹直升機必要時可直接在海軍水面上起降，不過如果要常態性的艦載部署並承擔反潛等海軍專業任務，則還是免不了要對機體進行大規模的修改。照片為準備降落到派里級巡防艦甲板上的黑鷹直升機。

註28：塞科斯基為解決YUH-60A試飛中發現的振動過大問題，1975年時將YUH-60A原來採用的低置主旋翼抬高15吋。抬高旋翼是透過可拆卸的鈦合金旋翼軸延長器（套筒）來達成，空運時可移除這個延長器，並解開4根變距控制桿，降低整個槳轂高度，讓機身總高度能滿足以C-130運輸機空運需求。這設計雖可滿足美國陸軍訂出的1.5小時空運前整備時間要求，但重新安裝延長器恢復飛行能力的作業需要13人-時，高於陸軍要求的5人-時。

■ 波音—弗托以由YUH-61A(Model 179)衍生的Model 237方案參與LAMPS III競標，為了驗證艦載適應性，特別將1架Model 237全尺寸模型送交海軍，於1977年間在莫伊內斯特號巡防艦(FF-1097)進行機體／旋翼摺疊功能檢驗，另以1架YUH-61A原型機充當驗證機，在保羅號巡防艦(FF-1080)進行起降試驗。

除了波音—弗托與塞科斯基以「通用戰術運輸飛機系統」競標方案為基礎的提案，美國海軍也再次評估採用貝爾、卡曼、英國威斯特蘭（Westland）與德國MBB公司幾種現役艦載直升機機體的可行性，如貝爾UH-1N、卡曼SH-2改良型、威斯特蘭的大山貓式（Lynx）等，結論認為這些已量產的機型雖然較省錢，但最多只有12000磅起飛重量，就美國海軍要求新一代LAMPS直升機承擔的任務來說過小，無法提供明顯優於現役LAMPS Mk I的性能，最後還是把目標鎖定在兩種20000磅級的UTTAS衍生型上。

美國海軍在1976年6月發出LAMPS Mk III的提案徵求書（RFP），波音—弗托與塞科斯基在1977年4月分別提交了Model 237與S-70B兩種提案，海軍則定於1978年初選定獲勝者。

將原本針對陸基操作設計的UTTAS直升機修改為海軍型，最重要的設計更動便是確保艦載適應性。為保證艦載作業性能，兩家競標廠商都配合海軍進行相關驗證。如波音—弗托便將1架Model 237全尺寸模型送交海軍，在1976年間於莫伊內斯特號（USS Moinester, FF-1097）巡防艦上進行機體／旋翼折疊功能的檢驗。此外波音—弗托還以1架YUH-61A原型機充當Model 237的驗證機，在保羅號（USS Paul, FF-1080）巡防艦進行實際海上起降試驗。同樣的，塞科斯基也配合海軍以YUH-60A原型機進行了艦載操作試驗。

就技術來看，S-70B與B-V Model 237兩種設計各有所長，B-V Model 237藉由更先進的玻璃纖維製無鉸接式旋翼，可擁有更好的機動性，震動與噪音特性也更好；而S-70B則能提供更大的起飛重量與酬載性能。不過最重要的決定性因素還是在於成本，藉由與陸軍UH-60A之間的共通性，S-70B擁有明顯更低的壽期循環成本（life-cycle cost），因而得以從競標中勝出。

美國海軍在1977年9月宣布由S-70B贏得LAMPS Mk III合約，並向塞科斯基提供270萬美元經費以便展開細部設計工作，與此同時，美國海軍也向奇異公司（GE）提供了54萬7千美元經費，要求開發一種功率更大、耐腐蝕性更好的T700渦輪軸發動機衍生型。不久後，IBM公司也從海軍獲得1790萬美元資金，用於發展與整合LAMPS Mk III的任務電子系統。

美國國防部於1978年2月28日正式核准進行S-70B的研製，授與塞科斯基一份價值1億930萬美元的全尺寸發展（FSD）合約，並賦予新機型SH-60B海鷹（Seahawk）的編號與命名。

在海鷹的設計與開發過程中，美國海軍採取不同於往常的管理方式，塞科斯基與IBM分別只是機體與任務電子系統的承包商，而由海

■ 機號161170的YSH-60第2架原型機。由於有UH-60的基礎，該機從1978年計畫核准後，很快便製造4架測試用原型機，展開飛行性能與機載設備測試。

軍自身擔任總體的主承包商，統一管理兩家承包商。

在生產階段則由兩家承包商分工合作，當塞科斯基完成機體部分的組裝工程後，便將未安裝任務系統的海鷹空機飛到位於紐約州奧威哥（Owego）的IBM工廠，進行任務電子系統的安裝與調整測試，最後再從IBM工廠將完整的海鷹直升機交付給海軍。

基於UH-60A所奠定的基礎，首架YSH-60B原型機很快就在22個月後的1979年12月12日完成首飛，不過由於配套的任務系統發展費時，配有完整任務系統的首架量產型SH-60B，直到5年後的1984年才進入服役。

■ 塞科斯基S-70B是以陸軍型S-70A為基礎的艦載衍生型，改進摺疊機構與尾起落架配置，除增配各式感測器外，機體兩側也設有攜帶反潛魚雷的掛架。 US Navy

SH-60B的技術特性

SH-60B的主要任務是反潛與反水面艦目標標定，次要任務是海上搜救與後勤支援。就最基本的反潛任務來說，SH-60B是LAMPS Mk III的一個環節。

LAMPS Mk III包含安裝在直升機上的機載系統，以及安裝在水面母艦上的艦載系統兩大部分，藉由SH-60B攜帶的聲納、雷達、磁異探測器等機載感測器與反潛魚雷，可將反潛偵測與打擊範圍延伸到航艦戰鬥群30～70海浬以外距離，還能將聲納資料透過保密資料鏈發送回母艦，由艦載系統進行整合處理。而安裝在座艙下方整流罩內的搜索雷達，以及機頭與後機身安裝的電子支援（ESM）天線，則能向戰鬥群指揮官提供水面威脅情況的延伸圖像，並為戰鬥群的反艦飛彈運用提供距外水面目標標定資訊。

藉由更大的機體，SH-60B的性能較上一代的SH-2F明顯提升，有效載重多出60%（6600磅對4150磅），貨艙空間增加2倍以上（410立方呎對172立方呎），可攜帶重達2000磅、功能更完備的任務航電設備，標準任務半徑超過100海浬，是SH-2F兩倍，執行反潛聲納監聽與反水面艦監視、目標標定任務的滯空時間，也分別比SH-2F多出57分鐘與45分鐘，能提供覆蓋範圍更廣、持續時間更久的值勤能力。

構型修改─海鷹的艦載適應性設計

為將原為陸軍設計的黑鷹機體修改為適應海軍艦載操作，海鷹直升機的設計締造了多項「第一」記錄，包括美國海軍第一種採用電動旋翼折收機構、第一種採用壓縮空氣式聲納浮標發射器、第一種搭配著

UH-60A/L黑鷹與SH-60B海鷹的構型對比

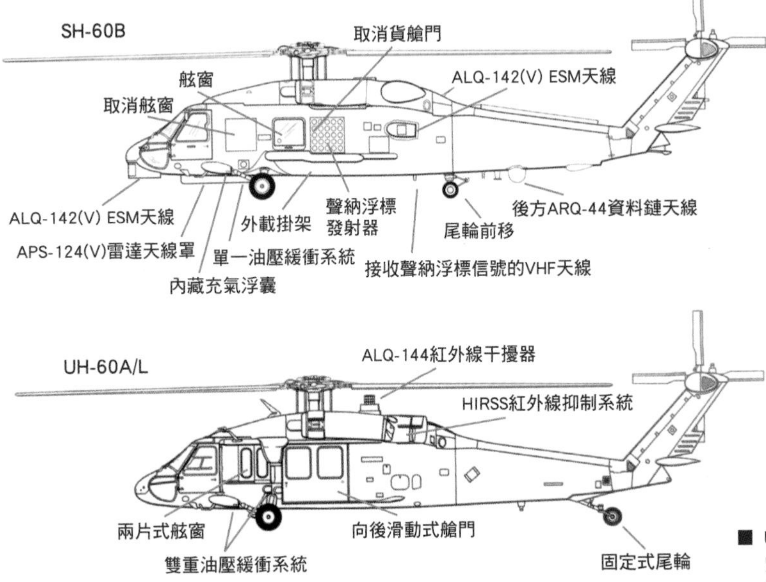

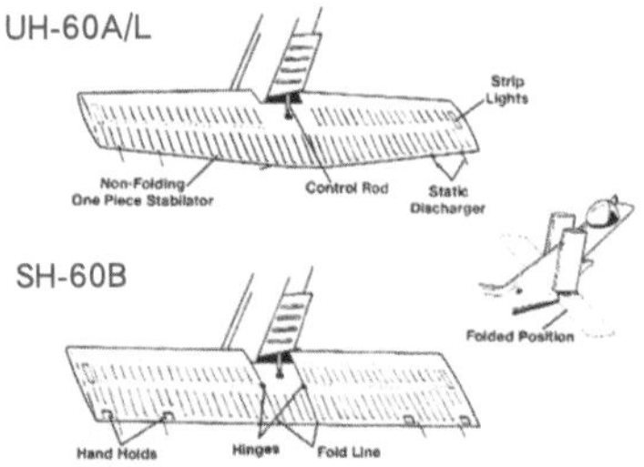

■ UH-60A與SH-60B的水平安定面。為減少佔用空間，後者的水平安定面改為折疊形式，構型也改為平直的矩形，兩端可向上折收

艦輔助系統的艦載直升機等等。

海鷹是以配合美國海軍1970年代發展的新一代水面艦操作為設計基準，包括派里級飛彈巡防艦、史普魯恩斯級驅逐艦、紀德級飛彈驅逐艦，以及提康德羅加級飛彈巡洋艦等4級艦艇。

相對於作為設計基準的陸基型黑鷹，海鷹直升機多數構型上的修改，都是以搭配這些新型艦艇操作為目的。艦艇的機庫尺寸，決定了機體折疊後的高度、寬度與長度需求，不過比起受限於空運需求、必須以C-130運輸機貨艙尺寸為基準的陸基型黑鷹，艦艇機庫對海鷹的限制就相對寬鬆許多，特別是可容許較高的機體高度，所以不須像陸軍型黑鷹一樣，必須透過可拆卸的主旋翼軸延長器來壓低高度，作業上要方便不少。

先前以YUH-60A原型機進行的艦載作業試驗顯示，黑鷹的人力手動式主旋翼折疊機構對海上操作來說過於危險——在2∼3級以上海象時，直升機起落架的彈簧剛性（spring rate）會使機身隨著艦艇一起搖擺，給在槳轂頂部作業的人員帶來很高的風險，於是海鷹改用一套動力式的全自動旋翼折疊機構。

塞科斯基先前的艦載直升機（如S-61海王系列）都是採用液壓致動的自動旋翼折疊系統，海鷹則改用一套全電力系統，這是這類系統在艦載直升機上的首次應用，顯著減輕了重量。對於在海上操作、必須考慮海上迫降的艦載直升機來說，減輕機體頂部重量有特別重要的意義。當必須緊急迫降於海面並利用充氣浮囊漂浮時，若機身頂部的重量越輕，則在惡劣海況下發生傾覆的機率也越低。反之，若機身頂部越重，則機體的臨界傾覆角（critical turnover angle）就越小，在惡劣海象下越容易發生傾覆。

為適應艦艇面積較小的著陸區域，海鷹直升機的尾起落架往前挪了13呎，從黑鷹原來的尾桁末端改到尾桁段前方，藉以縮短前後輪距，尾輪也從單輪改成雙輪，藉以分散機體重量，以符合船艦甲版結構承載標準。海鷹的主起落架也配有油壓緩衝系統，並擁有可減少摩擦的活塞塗層，亦有助於限制直升機著艦瞬間給艦艇甲板帶來的衝擊。

原先陸基型黑鷹直升機的主起落架設計，是以承受每秒38呎垂直下降速度的衝擊為標準，但美國海軍則只要求承受每秒17呎的垂直下降衝擊，所以塞科斯基改用較簡化、只配備單一油壓緩衝系統的主起

■ 搭載艦艇的機庫尺寸，決定了海鷹直升機的機體折疊要求，不過比起受限C-130運輸機空運需求的陸軍型黑鷹直升機，艦艇機庫給帶來的規格限制相對寬鬆許多。 US Navy

■ 由於美國海軍要求的垂直下墜衝擊標準較低，海鷹直升機簡化了主起落架緩衝系統，從原來黑鷹的兩段式雙油壓緩衝機構，改為單一油壓緩衝，起落架整流罩內增設迫降水面用的充氣浮囊。 US Navy

落架，而非黑鷹直升機可兩段式運作的雙油壓緩衝起落架，由此也減輕不少重量。兩側主起落架整流罩中，還內藏了海上緊急迫降用的充氣浮囊。

由於海軍要求更長的耐航時間與行動半徑，加上配備聲納浮標發射器的需要，塞科斯基修改了海鷹直升機的機體內部配置，以在後機身容納長度更長、容積較黑鷹直升機大上64％的抗撞油箱（2233公升（海鷹））對1361公升（黑鷹）），以及25發裝的聲納浮標發射器。

為設置浮標發射器，原來黑鷹機體左側的滑動式艙門遭到取消，右側的滑動式艙門雖獲保留，但寬度也縮減了將近一半，右側艙門上方設有1套搜救用的吊索，機身外部兩側則增設一對長條型的掛架，可用於攜帶魚雷、深水炸彈或455公升容量的副油箱等外部酬載。

對操作LAMPS直升機、配屬水面艦作業的輕型反潛直升機中隊飛行員來說，如何在惡劣海象下安全著艦是個大問題。為此美國海軍特別替SH-60B引進一套RAST輔助降落系統（Recovery, Assist, Secure, and Traversing），透過鋼索、固定機體的RSD快速固定裝置與甲版上的軌道，可確保直升機在5級海象下仍能安全著艦，並進入機庫停放。

原則上，所有搭載LAMPS Mk III的水面艦都會安裝RAST輔助降落系統，當然SH-60B亦能在沒有安裝RAST系統的艦艇上起降，只是對允許作業的海象條件限制較嚴苛。

海軍最初曾打算在SH-60B上採用4名乘員配置，但最後還是改回與上一代SH-2D/F相似的3員配置，但職務稍有不同，包含正駕駛、副駕駛兼機載戰術官（Airborne Tactical Officer, ATO）與感測器操作員（Sensor Operator, SO）。由於SH-60B具有獨立偵潛作業能力，因此原先SH-2D/F機上的副駕駛兼戰術協調官（TACCO），在SH-60B上便改成ATO機載戰術官，可在直升機脫離母艦掌控時接手獨立指揮。相對的，SH-2D/F必須依靠資料鏈與母艦連結才能執行偵潛作業，因此機上乘員只是扮演戰術「協調」角色。

■ SH-60B的座艙操作情形(左圖為特寫)，儀表大致沿用UH-60A配置，不過系統警告面板與發動機狀態面板都往右挪，以在左邊副駕駛(ATO)空出安裝一具多功能顯示器的空間，這具顯示器可顯示戰術狀態資訊，在正副駕駛之間的控制板左側，另設有ATO使用的鍵盤。 US Navy

為減輕重量，原本UH-60A的正、副駕駛裝甲防護座椅都被取消，改為一般抗撞座椅。海鷹直升機的駕駛儀表亦大致沿用UH-60A配置，但位置稍有挪動，以便增設一具供ATO戰術官使用的多功能顯示器。

強化的動力與飛控系統

考慮到海上作業環境遠比陸地更惡劣與危險，因此美國海軍要求海鷹直升機必須搭載比黑鷹的T700-GE-700發動機功率更大、也更耐用的新發動機，提供更大的動力餘裕來應付各種緊急情況，同時改善海上環境的維護性。最後海鷹採用的是功率提升到1690匹軸馬力（shp）的T700-GE-401，動力輸出比黑鷹的T700-GE-700增加約9.5％（後者為1543匹軸馬力）。

配合更高功率的發動機，塞科斯基亦修改了海鷹直升機的傳動系統，藉由增加齒輪面寬度、提高傳動軸強度，並放大部份齒輪箱體，以吸收、傳遞更大的功率，使額定輸出功率從黑鷹的2828匹軸馬力提高到3400匹軸馬力，提升幅度達20.2％。

RAST輔助著艦系統

■ 透過RAST輔助著艦系統的幫助，可確保SH-60B在5級海象下仍能安全著艦。圖為SH-60B在美國海軍水面戰中心飛機分部的設施，進行RAST著艦系統測試。　US DoD

將直升機降落到水面艦狹窄的飛行甲板上，一直是對海軍飛行員操縱技術的重大考驗，特別是在惡劣海象下更是如此。為改善艦載直升機著艦作業的安全性與效率，美國海軍為LAMPS Mk III引進稱為「回收、輔助、固定、移動」（RAST）的艦載輔助著艦系統與之配合。

RAST是加拿大Indal技術公司發展的第二代直升機輔助著艦系統，該公司的第一代「E系統」是把回收輔助鋼纜與絞車安裝在直升機上，由直升機負責進行拉降作業 — 直升機著艦前先透過絞車將張力鋼纜垂降到甲板上，由甲板人員將鋼纜固定到甲板，然後直升機再以絞車收捲鋼纜，透過絞車牽引鋼纜的拉力與飛行員操縱直升機下降，使機體逐漸拉降到甲板上，直到接觸甲板為止。

由於「E系統」是由直升機主動進行拉降，存在作業時間過長（據說超過10分鐘）、機載單元過重、安全性不理想等問題，技術上並不十分成功，最後只有印度引進2套，於是Indal公司接下來在1970年代開發的第二代RAST系統上，改用相反配置，由水面艦來執行拉降作業，直升機則被動接受拉降。

RAST系統由安裝在水面艦與SH-60B機上的組件組成，包含水面艦甲板上方格盒狀的快速固定器（Rapid Securing Device, RSD）、回收輔助張力鋼纜（recovery assist tethering cable）與軌道，以及安裝在SH-60B直升機上的RAST探針（probe）與導纜（messenger cable）等裝備。

進行著艦作業時，直升機先飛臨甲板上空懸停，飛行員從機腹下方的RAST探針中放下導纜，導纜下垂到甲板上，甲板人員隨即以人力將回收輔助張力鋼纜繫上導纜，然後直升機便藉由回收導纜而將張力鋼索拉到機上，並自動將張力鋼索鎖定在RAST探針上。

接下來位於飛行甲板下方控制室中的著艦安全官（LSO），使用操縱面板的操縱桿控制絞車逐漸收緊張力鋼纜，利用鋼纜的張力，使懸停中的直升機保持穩定，並將其拉進著陸區；同時SH-60B的駕駛員也配合將直升機徐徐降下，讓RAST探針落進RSD快速固定中間。當探針與RSD固定器接觸後，LSO著艦安全官便立即關閉RSD方形缺口內的致動橫杆，讓致動橫杆夾住直升機的RAST探針，使直升機固定在RSD上。甲板人員隨後利用絞車調整機身方向、對正機庫，並進行旋翼與尾衍的折疊作業，最後再由RSD固定器沿滑軌將直升機牽引進入機庫。

透過RAST系統輔助，可允許在5級海象 — 最大33節風速、浪湧13呎，以及艦體6度縱搖、15度橫搖下，確保直升機安全著艦。由於擁有優異的操作實績，RAST系統先後為美國、加拿大、澳洲、西班牙、日本與台灣等6國海軍採用，安裝在超過200艘艦艇上。

不過RAST系統仍須要甲板人員以人工方式進行回收張力鋼纜，與直升機導纜的連接繫緊作業，對甲板人員存在一定程度危險，因此Indal公司在1990年代初期又發展第三代的ASIST全自動輔助降落系統（ASIST是「飛機艦艇整合固定與搬移」縮寫），可全自動作業，免除人工介入需要，並獲得智利、新加坡、土耳其與美國海軍選用，目前已安裝30套。

2005年後，Indal公司併入寇蒂斯．萊特（Curtiss-Wright）集團，目前屬於寇蒂斯．萊特流體控制公司一部分。

■ RAST作業時，由LSO著艦安全官在飛行甲板旁的控制室內，進行張力鋼索的拉力控制，並在適當時機將RSD固定，過程中保持與機上駕駛通話。

為減輕飛行員作業負擔，並充分發揮動力系統提供的額外功率，塞科斯基為海鷹改用一套漢彌爾頓標準公司（Hamilton Standard）的自動飛控系統（Automatic Flight Control System, AFCS），替換黑鷹原本使用的增益穩定式飛控系統。AFCS飛控系統內含數位式的3軸自動駕駛與耦合操縱模式，另外還有專門的自動穩定功能，能在所有空速與懸停狀態下，提供自動的航向維持，以消除扭力引起的偏航。

透過AFCS系統，可減輕飛行員的操縱負擔，並提高飛行操縱的精確性，讓飛行員充分駕馭海鷹更強勁的動力系統。

■ 為應付反潛與搜救任務中不可缺少的水面低空懸翔動作，SH-60B引進增益穩定飛控系統，提高安全性並減輕駕駛負擔。

海鷹的任務系統

海鷹的任務系統─任務設備套件（Mission Equipment Package）是由IBM公司的奧威哥分部負責整合（註29）。

註29：IBM該分部後為洛馬集團併購，目前是洛馬奧威哥系統整合部門。

就任務設備的功能與架構來看，LAMPS Mk III與上一代的LAMPS Mk I大致相同，都由聲納系統、搜索雷達、磁異探測器、ESM電子支援裝置，以及與母艦通聯的資料鏈等幾個部分構成，但藉由更大的機體酬載與更進步的電子技術，系統性能有了大幅提升，整合性也更高。

■ 儘管SH-60並未跳脫美國海軍LAMP計畫中搭配母艦行動、提高水面艦反潛能力的基本原則，但其任務範圍不僅較前一代反潛直升機有顯著提升，也具備單機反潛作戰能力。

如同上一代的LAMPS Mk I，LAMPS Mk III主要也是作為母艦聲納系統的延伸，一方面由於艦艇的主／被動聲納在遠距離的精確度不足，故艦艇可藉由指揮反潛直升機至可疑區域實施偵測，進一步確定目標精確位置，並利用直升機攜載的魚雷直接攻擊目標；另一方面由於LAMPS直升機攜帶的聲納浮標偵測範圍有限，因此也需先由艦艇的艦艏聲納或拖曳聲納陣列先進行大範圍的粗略搜索，為直升機提供初始目標位置指引。

可獨立運作的聲納處理系統

LAMPS Mk III的主要反潛感測器亦是聲納浮標系統，機身左側設有1組25發裝的聲納浮標發射器，容量比LAMPS Mk I多出10發。雖然同樣都是聲納浮標系統，但由於使用9噸級的SH-60B機體，酬載能力與機艙可用容積都較LAMPS Mk I的SH-2F提高許多，故SH-60B可在機上搭載1套重達250磅、由IBM公司研製的UYS-1(V)2聲納信號處理器。利用UYS-1賦予SH-60B的獨立聲納信號處理能力，LAMPS Mk III可有兩種聲納作業模式：

・當SH-60B處於母艦的視線距離內時，可將聲納浮標信號資料藉由機上的ARQ-44/ SRQ-4 Hawk Link資料鏈，回傳給母艦，母艦接收後再將資料送到SQQ-28聲納浮標信號處理系統進行處理，SQQ-28在艦上與艦載的SQR-19拖

■ 早期SH-60B機上的感測器操作員與聲納信號顯控台。其可直接在機上處理聲納浮標的信號，或透過資料鏈傳回船艦，由戰情中心實施情資處理與整合。

曳聲納陣列共享1部UYQ-21顯控台，用以進行資料顯示與控制作業。

‧當SH-60B處於母艦視線距離外、或資料鏈無法通聯、或頻道被其他功能占用時，則可直接由機載的UYS-1信號處理器進行聲納浮標信號處理。

拜電子技術進步之賜，僅管機載系統存在先天的體積、重量與功率限制，但SH-60B機上的UYS-1處理器處理能力，已經與艦載的SQQ-28處理系統相去不遠，可賦予SH-60B一定程度的獨立聲納信號處理能力，即使在資料鏈無法通聯的母艦水平視距外，仍可獨立執行偵潛作業（註30）。

註30：以早期尚未商規現貨化（COTS）的版本來說，SQQ-28可同時處理8個全向或4個指向性主動/被動聲納浮標，UYS-1則可同時處理5個指向性被動聲納浮標。

藉由這樣的特性，必要時可將SH-60B派到距母艦80～100海浬外的第3匯聲區獨立作業，進一步擴展偵測覆蓋範圍。不過若沒有母艦聲納預先指示目標的大略位置，僅依靠偵測範圍有限的聲納浮標，會大幅降低SH-60B的水下偵測作業效率。

相較下，上一代的SH-2F由於載重不足，無法裝備聲納信號處理器，因此只能充當聲納浮標攜載與信號中繼平台，必須把聲納浮標信號透過ATK-22資料鏈傳回母艦，由母艦搭載的SQS-54或SQR-17聲納信號處理器進行處理。換言之，SH-2F只能在可與母艦維持通聯的距離內執行反潛作業，而不能離開ATK-22的有效範圍。

SH-60B採用31頻道的ARR-75聲納浮標信號接收機，透過機載UYS-1或母艦SQQ-28聲納信號處理器的支援，可使用的聲納浮標類型較LAMPS Mk I增加許多，除了可使用舊型的低頻被動聲納浮標（LOFAR）、全向主動聲納浮標（CASS）與測定水文資料的SSQ-36深海溫度測量器浮標（Bathythermograph, BT）外，還能使用SSQ-53指向性被動聲納浮標（DIFAR）、SSQ-62指向性主動聲納浮標（DICASS）等浮標。

ARR-75含有2套無線電接收機組（radio receiver group），每套無線電接收組含4組VHF接收機（VHF radio

■ SH-2由於機體限制，加上沿用定翼機的火藥發射式聲納浮標發射器，因此浮標裝填數量較少(右)，因此塞科斯基為SH-60B設計一套壓縮空氣發射機制，搭載浮標數量也大幅增加到25枚 。 US Navy

receiver），每組接收機可選擇接收預先設定的31個頻道中的任一個。ARR-75透過VHF無線電通道接收聲納浮標發出的信號後（聲納浮標信號是透過位於後機身底部、尾輪正前方的1具刀型天線接收），可將信號饋送給UYS-1處理器進行處理，或透過ARQ-44發送回母艦。

SH-60B的聲納浮標發射器設計亦頗值得一提。塞科斯基最初打算為海鷹配備與S-2、P-3等固定翼反潛機相同的標準型聲納浮標發射器，海軍標準型聲納浮標發射器管採用非常安全可靠的火藥式發射機制，但每組發射藥筒重達3磅，所以25發裝的聲納浮標發射器便一共需要25組藥筒，光是發射藥筒就要占去75磅重量。

於是塞科斯基設計小組決定改用壓縮空氣來發射聲納浮標，相對於傳統的火藥發射機構，足足為海鷹省下92磅重量，這也是美國海軍首次採用壓縮空氣式的聲納浮標發射器。

相對的，上一代SH-2D/F由於機體載重較小，加上又直接沿用定翼反潛機較重的火藥發射式聲納浮標發射器，在載重與空間限制下，發射器容量僅15管，可用的聲納浮標數量少，一直為第一線單位所詬病（一次典型偵測任務通常要耗用12組聲納浮標）。

改進的任務次系統

除了聲納浮標，SH-60B也配備反潛機必備的搜索雷達、電子支援措施（ESM）與磁異探測器（MAD）。

上一代SH-2F使用的加拿大馬可尼製LN-66 HP雷達，常被抱怨天線尺寸小、輸出功率有限，以致偵測距離不足。SH-60B則配備德州儀器公司專門研製的APS-124(V) X波段搜索雷達，無論輸出功率、天線尺寸、信號處理能力都比LN-66 HP更優秀（尖峰功率350千瓦對75千瓦，天線寬度6呎對3呎），偵測性能顯著提升（最大顯示距離尺度為160海浬對72海浬）。

APS-124(V)更特別的是可提供一個快速掃描監視模式，標準模式下的天線轉速是每分鐘6或12轉，而在快速掃描模式則可讓天線以每分鐘120轉的速度作業，提供高資料更新率的近距離目標偵測能力，相對下，SH-2F的LN-66 HP天線則是固定以每分鐘22轉作業。

SH-60B裝有雷神公司ALQ-142(V)，這是當時最先進的輕型機載ESM電子支援裝置之一，應用雷神為SLQ-32(V)艦載電子支援裝置發展的技術，系統核心是1部AYK-14(V)電腦，在SH-60B機身前後共有4組Rotman透鏡天線，其中2組位於機頭下方，另兩組位於後機身兩側，每組天線可各自覆蓋90度方位的信號偵測，截收信號頻譜範圍涵蓋2～25GHz。

ALQ-142(V)可支援反潛作戰、區域監視和超水平面水面目標標定任務，在截收到每個信號脈衝時能同時測量威脅方位，並分析截收信號的參數，與AYK-14(V)中儲存的信號資料相互比對，從而識別出信號發射源的類型，整套系統可自動偵測並處理來自8個頻段的100個信號發射源信

■ 雖然同樣使用SH-60系列，安裝於機首下方的大型搜索雷達整流罩，則是美國海軍水面艦載反潛升機與航艦反潛直升機在外觀上的明顯識別點，此一區隔也沿襲至現今的MH-60R(圖中機體)與MH-60S。 US Navy

號，無論涵蓋頻譜範圍或信號分析能力，都超過SH-2D/F服役初期配備的ALR-54非常多。

最特別的功能是ALQ-142(V)可與母艦的SLQ-32(V)相互連結，將截收到的信號發射源特徵參數與方位透過SH-60B機上的ARQ-44資料鏈傳送回母艦，經SLQ-32(V)以自身資料庫完成信號源識別後，再顯示在SLQ-32(V)的顯控台上。換句話說，SLQ-32(V)可整合處理與顯示包括自身與外部ALQ-142(V)所獲得的所有信號截收結果，因此SH-60B搭載的ALQ-142(V)，便可視為是母艦SLQ-32(V) ESM的一組向外延伸的機動式空基感測器，可藉以擴展SLQ-32(V)的監控範圍。

■ SH-60B搭載的ALQ-142(V)電子支援裝置，也可與美軍船艦的SLQ-32(V)(右圖為天線座)整合運用，透過機上的Hawk Link資料鏈將信號參數傳回母艦，顯示於艦上的同一部SLQ-32顯控台(上)。

至於SH-60B的磁異探測器是美國海軍標準的德州儀器ASQ-81（現為雷神公司產品），不過使用的是搭配LAMPS Mk III的(V)4版，而不是上一代SH-2與SH-3搭載的(V)2版。

LAMPS Mk III的母艦作業人員

LAMPS Mk III是一套直升機與母艦共同構成的系統，除了SH-60B直升機搭載的空勤乘員外，在母艦上也配置了四名相關操作人員。包括：

(1)在聲納室中的聲納感測器操作員（ASO），可透過Hawk Link資料鏈接收並分析SH-60B傳回的聲納浮標信號資料，並在遠端間接聲納操作。

(2)在戰情室（CIC）中的遠端雷達操作員（REMRO），同樣可藉由Hawk Link資料鏈接收SH-60B傳回的APS-124(V)雷達資料，還能從遠端直接控制雷達的距離與操作模式。

(3)戰情室中的電戰官（EWO）亦可透過SLQ-32(V)電子支援裝置的顯控台，顯示SH-60B的ALQ-142(V)電子支援裝置透過Hawk Link回傳的資料。

(4)戰情室中的空中戰術管制官（ATACO），負責LAMPS Mk III的戰術指揮，只有當SH-60B飛到母艦視距外、無法透過資料鏈通聯時，才由機上的副駕駛兼機載戰術官（ATO）接手指揮。

海鷹的測試與服役

按全尺寸發展合約規定，塞科斯基必須向海軍交付5架YSH-60B原型機，以及1架地面試驗載具（GTV）。在簽定全尺寸發展合約前，塞科斯基就先以先前「通用戰術運輸飛機系統」計畫留下來的UH-60A全尺寸模型為平台，按SH-60B構型修改為展示用機。當全尺寸發展合約簽定後，塞科斯基在1978年7～8月間，利用這架展示機在派里號（Oliver Hazard Perry FFG-7）與史普魯恩斯級雷福德號驅逐艦（Arthur W. Radford DD-968）上，進行初步的艦載適應性試驗。

不過此時計畫在國會中遭遇一些問題，眾議院在1978年秋建議海軍終止LAMPS Mk III計畫，改採價格更便宜的LAMPS Mk I改良方案。作為回應，美國海軍則在該年9月中通報參議院武裝部隊委員會，表示已對LAMPS Mk III計畫進行重組，預期可削減4億美元開銷，調整後的計畫總經費需求則約為39億美元。

幾個月後，SH-60B最關鍵的元件之一——經強化的主傳動系統在1979年2月通過試驗，測試期間這組改良型主齒輪箱曾展示3600匹軸馬力的輸出，比海軍要求還高出600匹軸馬力（最後審核通過的額定功率是3400匹軸馬力）。

塞科斯基在1979年3月29日開始組裝首架YSH-60B，8個多月後的12月12日，完成1號原型機首飛，其餘4架原型機也分別在1980年2月11日、3月17日、4月26日與7月14日展開試飛。到1980年底，5架原型機便累積960小時試飛時數，並曾以15000磅與22000磅重量，達到180節俯衝速度與153節平飛速度。

■ 1980年12月12日進行首飛的YSH-60B 1號原型機，機首裝有收集飛行測試資料的空速管，美國海軍最早一批原型機的機身為白色，量產服役後便改為淺灰色低視度塗裝。US Navy

至於SH-60B的地面試驗載具（GTV）也在1980年間完成252次落下震動測試，試驗中，GTV機體的落下高度為5呎，並帶有10度橫滾角與15度俯仰角，藉以模擬SH-60B在最大總重、75節著艦速度與每秒13呎垂直下落速度下，機體與起落架在這種硬著陸操作時的表現。測試證實，SH-60B的起落架即使在承受125%最大負荷時，也未出現任何明顯損傷。

塞科斯基在1981年1月將1號原型機送交美國海軍，搭配作為LAMPS Mk III與RAST系統試驗平台的派里級麥欽納利號（USS McInerney, FFG-8），完成為期27天的海上操作試驗，內容包括在50節甲板風、5級海象、艦艇橫搖達28度等惡劣條件下，進行起降與甲板操作測試，這些試驗都搭配RAST輔助降落系統進行（註31）。

稍後1號機又在1982年1月回到塞科斯基西棕櫚灘飛行研究中心，開始操縱品質驗證。與此同時，2號與3號原型機則在馬里蘭的帕圖克森河（Patuxent River）海軍航空試飛中心安裝IBM公司交付的任務電子系統，並展開任務系統的基本測試與海上測試。4號與5號機則在該年1月15日配屬到海軍巡防艦上進行作戰評估。

■ 已裝備磁異探測器、於帕圖克森河海軍試飛中心進行任務裝備測試的YSH-60原型機。從首架原型機第一飛行，到完成任務裝備測評，前後還花了3年時間。

完成前述試驗項目後，1號與3號原型機在1981年2月移交給美國海軍檢查與測量局用於訓練，4號機被運往佛羅里德的埃格林基地進行環境測試，5號機則留在塞科斯基進行後續的電磁干擾試驗。

美國海軍於1982年2月完成LAMPS Mk III的作戰測評（OPEVAL），驗證整套系統的效能與適應性。到1982年9月1日

註31：除作為試驗平台的麥欽納利號，派里級是在1981年中開工的Flight II批次（FFG-36以後25艘）才開始導入LAMPS Mk III與RAST輔助降落系統。值得一提的是，麥欽納利號在18年後再次被選為試驗新型艦載直升機的平台，於2008年12月搭載MQ-8B無人直升機進行艦載作戰測評。

■ 在引進LAMPS III的海鷹直升機後，美國海軍各級水面作戰艦不分大小，飛行甲板與機庫等航空支援設備便以該機型想定而設計，從派里級巡防艦(左)到提康德洛加級巡洋艦(右)，皆可搭載2架海鷹直升機。 US Navy

為止，5架YSH-60B原型機累計完成3000小時試飛，塞科斯基還改裝2架YSH-3J海王直升機，用於協助測試LAMPS Mk III的感測器設備。依據測試與作戰評估結果，海軍於1982年中批准在1982財年訂購首批18架量產機。

按最初規劃，美國海軍的SH-60B需求為260架，不過包括5架原型機在內的實際訂購量只有186架，初步預定配屬在75艘派里級、史普魯恩斯級與提康德羅加級，每艘配備2架，另外規劃中的改進型伯克級（即後來的伯克級Flight IIA）也將配備SH-60B。

首架SH-60B量產機於1983年2月11日交付給美國海軍，駐加州聖地牙哥北島（North Island）航空站的第41輕反潛直升機中隊（HSL-41）是首支裝備SH-60B的作戰單位，於1984年達到作戰部署狀態。到1991年3月為止，共有駐美國本土的10個輕型反潛直升機中隊（HSL）完成SH-60B換裝，包括西岸駐北島航空站的第41、43、45、47、49等5個中隊，以及東岸駐佛羅里達Mayport航空站的第40、42、44、46、48等5個中隊。

在本土以外的常駐單位方面，駐日本厚木基地的第51輕型直升機中隊（HSL-51）與駐夏威夷Barber Point基地的第37輕型直升機中隊（HSL-37），也分別在1991年10月與1992年2月完成換裝。最後換裝的是駐Mayport航空站的預備役單位——第60輕型直升機中隊（HSL-60）。塞科斯基則在1996年9月25日向海軍交付最後1架SH-60B。

從海鷹到洋鷹

在SH-60B海鷹投入服役2年後，美國海軍開始發展用於航艦作業的衍生型SH-60F，以便接替原由SH-3H海王直升機承擔的航艦戰鬥群近接反潛任務。

■ SH-60F洋鷹主要是接替圖中由航艦搭載的SH-2海王式直升機，因此也沿用該機以沉浸聲納作為主要反潛裝備。

相比於SH-60B，SH-60F型主要的關鍵需求是必須攜帶沉浸聲納，以在接近航艦特遣艦隊、水聲干擾較大、聲納浮標效能降低的內層水域執行偵測任務。官方給予SH-60F的代稱仍為海鷹，但許多人都以非正式的洋鷹（Oceanhawk）稱之，藉以與SH-60B區隔。

SH-60F基本的機體、動力與旋翼系統都沿用SH-60B的設計，主要的設計更動在於任務感測器裝備與武器套件，最大起飛重量亦略微提高7.3%，從SH-60B的21884磅增加到23500磅。

由於SH-60F是在寬敞平穩的航艦甲版上操作，因此無需像SH-60B一樣配備RAST輔助著艦系統。此外SH-60B原有的MAD磁異探測器、搜索雷達與ESM電子支援裝置也都被移除，代之以一套漢寧威（Honeywell）公司的ASQ-13F主動式沉浸聲納。

除了沉浸聲納，SH-60F必要時也可使用主動或被動的聲納浮標，不過SH-60F採用的是簡單的手動裝填／重力落下式聲納浮標發射器，容量也只有6枚，而未沿用SH-60B的25管裝壓縮空氣式聲納浮標發射器。

由於啟動發展工作的時間較SH-60B晚了近7年（1977年9月對1985年3月），SH-60F得以採用較SH-60B更進步的數位化整合航電架構，基本的通信／導航／識別系統雖然與SH-60B大致相似，但整套航電系統以MIL-STD-1553B匯流排為基礎構成，另增設了亦被用在SH-2F超級海妖上的立頓（Litton）ASN-150戰術導航與通信系統，作為導航與資料鏈通信的核心。

為適應沉浸聲納作業，SH-60F的飛控系統略有修改，能協助機體姿態快速自動轉換與自動懸停，外載輔助燃油系統與武器派龍架亦有所改進，機身左側的附加式派龍架可攜帶3枚Mk50魚雷。

■ 與SH-60B相比，SH-60F外觀上的特徵是機首沒有ESM電戰支援置與資料鏈天線，未安裝磁異偵測儀，機體下方也未安裝搜索雷達的圓盤狀整流罩(上)，其主要使用沉浸聲納進行偵潛(下)。 US Navy

SH-60F洋鷹登場

美國海軍在1985年3月6日授與塞科斯基一份5090萬美元合約，開始SH-60F的全尺寸發展工作。由於已有先前SH-60B的基礎，以1架SH-60B原型機改裝而成的SH-60F原型機，很快就於1987年3月19日進行首飛，距簽約時間只過了24個月。

首支接收SH-60F的單位是負責機種轉換訓練任務的第10反潛直升機中隊（HS-10），於1989年6月22日於加州北島航空站（NAS North Island）接收了首架SH-60F

量產機。最早換裝SH-60F的作戰單位則是第2反潛直升機中隊（HS-2），從1990年3月開始將原來的SH-3H換裝為SH-60F，HS-2稍後在該年11月另外接收2架HH-60H戰鬥搜救直升機後，便於1991年初伴隨尼米茲號航艦展開SH-60F的首次艦載部署，參與沙漠風暴作戰。

美國海軍最初曾打算購買多達150架SH-60F，但後來落實的採購量遠低於此。繼1985年簽訂全尺寸發展合約時附帶採購的7架預量產機，海軍稍後在1988、89與91財年各訂購了18架SH-60F，然後在1992與93財年分別訂購12架與9架，接下來生產便提前中止。到1994年12月1日最後一架交付為止，塞科斯基共只生產82架SH-60F。

全部SH-60F量產機中，除2架被保留用於試驗評估，其餘機體分別交由12支現役與1支預備役反潛直升機中隊操作。包括駐美國本土西岸北島航空站的第2、第4、第6、第8、第10與第14直升機中隊，駐佛羅里達州傑克遜維爾海軍航空站（NAS Jacksonville）的第3直升機中隊，則是東岸首支裝備SH-60F的單位，從1991年8月27日開始換裝，稍後第1、第5、第7、第11與第15等東岸反潛直升機單位也陸續跟進換裝。

■ 杜魯門號航艦上的第5反潛直升機中隊(HS-5)SH-60F，後方飛行的為隸屬輕型反潛直升機中隊的SH-60B，當航艦編隊在全球行動時，這兩種構型的海鷹直升機將會相互搭配，擔任反潛任務。

前述12支現役中隊中，第10與第1反潛直升機中隊為訓練單位，分別負責西岸與東岸的SH-60F轉換訓練任務。另外駐傑克遜維爾、隸屬預備役單位的第75反潛直升機中隊也裝備了SH-60F。不過第1反潛直升機中隊不久便於1997年6月30日解編，所有訓練任務都轉由西岸的第10反潛直升機中隊承擔，所以SH-60F的佈署便長期維持著10支現役作戰中隊、1支訓練中隊與1支預備役中隊的體制（註32）。

註32：隨著SH-60F為新一代的MH-60R取代，美國海軍正陸續將原有的反潛直升機中隊（HS）改編為兼具海面打擊能力的海上戰鬥直升機中隊（Helicopter Sea Combat Squadron, HSC），10支現役HS中隊已有7支改編為HSC中隊，剩餘3支HS中隊也在2011~2012年間完成改編。

SH-60F服役後，美國海軍終於統一了航艦用與水面艦用兩類型反潛直升機的機體平台，儘管SH-60F與SH-60B之間仍存在許多差異，但仍為日後進一步的機型整合奠定基礎。M

LAMPS Mk I與LAMPS Mk III資料鏈對比

LAMPS的基本概念是直升機與母艦相互配合、共同執行反潛作業，由母艦的聲納提供初始目標位置指引，再由直升機前往目標區利用機載的聲納浮標進行進一步搜索。

但在LAMPS概念誕生的1960年代中期，受限於當時的電子技術水準，要將動輒數百磅重的聲納信號處理器安裝到機艙空間、載重、供電與冷卻能力均受限的直升機上，必須面臨許多技術困難，一個變通做法便是將聲納浮標的信號轉發回母艦、由母艦搭載的聲納信號處理器負責處

■ SH-60B的ARQ-44 Hawk Link資料鏈與其它天線裝設位置(上及下)，機體前後各有一具ARQ-44資料鏈天線，ESM電子支援天線則為前後左右各一，以取得360度方位涵蓋。

理。基於此一思路，在機艦之間傳遞資料的資料鏈，便成為LAMPS不可或缺的基本系統元件。

LAMPS Mk I使用簡單的類比式資料鏈，利用機載的AKT-22 FM發射機發送聲納浮標信號，以2200～2290MHz的S波段作業。安裝在SH-2F機體上的AS-3033天線分為兩段，一個用於接收聲納浮標資料，一個用於向母艦發送信號。母艦則以SKR-4接收機接收直升機發回的信號，再饋給艦載的SQS-54或SQR-17聲納信號處理器處理。

最初的AKT-22可承載8個低頻被動聲納浮標（LOFAR）頻道，或4個全向主動聲納浮標（CASS）頻道，不過當美國海軍在1980年代決定改以指向性的DIFAR與DICASS聲納浮標為主後，AKT-22的4或8頻道模式就被放棄，改為只能發送2個DIFAR或2個DICASS聲納浮標信號頻道。

至於新一代LAMPS Mk III的SH-60B反潛直升機，則憑藉著更強大的載重性能而搭載了UYS-1聲吶浮標信號處理系統，因而可在母艦的視距外獨立進行反潛偵測和獵殺任務，但在視距內仍可透過稱為Hawk Link的資料鏈，將數據傳回母艦的SQQ-28聲吶浮標信號處理系統處理。

Hawk Link為在4435～4535MHz的C波段作業的全雙工數位資料鏈，可同時傳輸語音與數據資料，並具備低旁波辨與抗電子干擾（ECCM）特性。安裝在SH-60B上的機載終端機為Sierra Research研製的ARQ-44，安裝在母艦上的則是SQR-4。

為提供較佳的抗干擾與保密性能，Hawk Link採用指向性傳輸，故SH-60B在機體前、後方各配備1具ARQ-44用的機械驅動式拋物面天線，藉以取得360度方位涵蓋，其中1具位於機尾尾桁底部，1具位於機頭下方，2具ALQ-142 ESM天線之間的位置，2具天線均覆蓋有半球型天線罩。

相較於只用於傳輸聲納信號資料的AKT-22，ARQ-44/SQR-4除傳送聲納浮標信號外，也能用於傳輸SH-60B機上APS-124(V)雷達與ALQ-142(V) ESM電子支援裝置所獲得的資料。當SH-60B與母艦距離超過直通視距而無法使用Hawk資料鏈時，則可使用HF語音通信與母艦聯繫。M

台灣史新聞

台灣史新聞編輯委員會　慎重表示

任何不可能的現場
我們都在那裡！

台灣最古老的新聞通訊社，
跨越六百萬年的史料首度面市！

這是一本將複雜的台灣歷史化繁為簡的書，也是第一本結合自然地質科學、考古人類學及歷史研究的台灣史專輯。只要擁有本書，你就能輕鬆掌握台灣史！

工商服務

台灣史新聞通訊社
徵求讀者數名體驗
穿越台灣歷史樂趣
意者請洽編輯部：
twowlnews.pingtw.com

作者：曹銘宗
繪者：杜福安
ISBN：9789862620632

CHAPTER 6

NH90 vs. UH-60

Utility Helicopter Technical Comparison

第六章 技術比較論
當代中型通用直升機翹楚
NH90 vs. UH-60

■ NH90是歐洲各國因應新一代中型軍用升機需求而合作發展的產物，於1980年代開始籌畫，到冷戰結束後才實際展開研發。 NHI

可承載10～20人或1～2噸貨物，經改裝後可兼任緊急救護輸送、空中指揮管制、VIP專機運輸、戰鬥搜救等任務的9～12噸級通用直升機，是當前世界各國的軍事直升機中，用途最廣、運用彈性最高、需求量也最大的一種機型。

在這層級中，歐洲NH工業公司（NHIndustries）的NH90，以及塞科斯基H-60/S-70系列兩款機型，是經常被拿出來相提並論的對象。

與其他同級機型相比，NH90與H-60/S-70無論在設計概念、構型佈置、操作性能、運用彈性與成本效益方面表現，都更為突出，而在高強度軍事用途所必須的高生存性設計上，更是同級機的佼佼者。但也由於兩款機型定位相近，性能特性具有許多相似之處，不僅常被拿來當作為技術評估比較，在市場上也是短兵相接，在許多標案中成為競爭對手。

考慮到兩款直升機的設計年代相距20年，H-60/S-70系列是1970年代初期應美國陸軍「通用戰術運輸飛機系統」（Utility Tactical Transport Aircraft System, UTTAS）計畫提出的設計，而NH90則是西歐國家從1980年代末期開始蘊釀，自1990年代初期才正式啟動研發的機型。

許多人均不假思索認為，1995年首飛的NH90，肯定要比1974年首飛的H-60/S-70更為先進出色，但如果更進一步分析，便可發現時間上的「後發優勢」，的確讓NH90擁有許多較H-60/S-70更佔優勢的領域，應用的技術也更先進。但由於原始需求與設計概念的差異，H-60/S-70在某些領域擁有對手所不具備的特色，兩款機型孰優孰劣，仍需視需求與應用而定。

以下從基本構型特徵、外型尺寸、構型佈置、飛行性能、任務特性與生存性等幾個面向，簡單比較NH90與S-70這兩款機型的技術特性。

基本構型特徵

NH90與H-60系列雖然都可歸類於雙發動機中型通用直升機，但任務定位與需求差異，讓兩款機型採取迥然有別的基本設計取向。

UH-60是基於美國陸軍空中突擊戰術的產物，原始需求是替代UH-1、載運1個全副武裝的步兵班執行機降突擊作戰任務。若撤掉貨艙座椅，UH-60亦能用於運載散裝貨物或改裝為其他用途，但基本上並不考慮利用內部貨艙來運載大型的整件式貨物。

若有需求，UH-60也可透過外部吊掛方式來運輸大型貨物，但是對組織龐大、

■ 執行吊運任務的美軍黑鷹直升機。即便是使用同款或性能接近的中型通用直升機，因機隊規模與作戰思想差異，在美國陸軍扮演的角色，便與歐洲各國軍方不盡然相同。 US Army

分工嚴密的美國陸軍航空隊，大型整件貨物的運輸可由承載能力更高的CH-47提供支援，需要UH-60吊掛大型貨物的機會相對有限。

然而對參與NH90開發計畫的法、德、義、荷等歐洲各國，儘管其陸軍航空隊或空軍也配備有SA320/321、CH-47或CH-53等大型直升機，但數量遠不及美國陸軍充分，因此中型直升機若能在人員運輸外，貨艙也具備一定程度的大型整件貨物運輸能力，顯然會給任務調度帶來極大便利，有效補充大型直升機的運輸能量。

所以H-60/S-70與NH90儘管都採用單主旋翼與尾桁末端反扭力尾旋翼的傳統構型，但貨艙運載大型整件貨物能力需求的有無，造成兩款機型完全不同的構型特徵。

NH90的機體構型特徵

基於運載整件式貨物的需要，在有限空間內提供最大容積、便於大型貨物裝卸的直通式貨艙，以及貨艙尾部的斜跳板等，對NH90都是不可或缺的設計，但也由於這種從駕駛艙後方直通到尾部跳板開口的貨艙設計，導致NH90只能選擇前三點式起落架，後三點式起落架會妨礙直通式貨艙與尾部跳板的設置。

此外考慮到提高人員進出貨艙便利性的需求，NH90還在貨艙兩側還開設大型滑動式艙門，所以NH90的油箱既不能設置在機身內部（會妨礙直通貨艙與尾部跳板佈置），也不能在機身兩側設置大型突出結構（會妨礙側面大型滑動艙門的設置），最後挪到貨艙地板下方，這樣的地板油箱也帶來機體高度增加的副作用。

於是NH90的機身由前而後，便形成「駕駛艙—直通式貨艙—大型尾跳板門」的三段式佈置，另外再搭配前三點式起落架、兩側滑動式艙門與地板油箱。

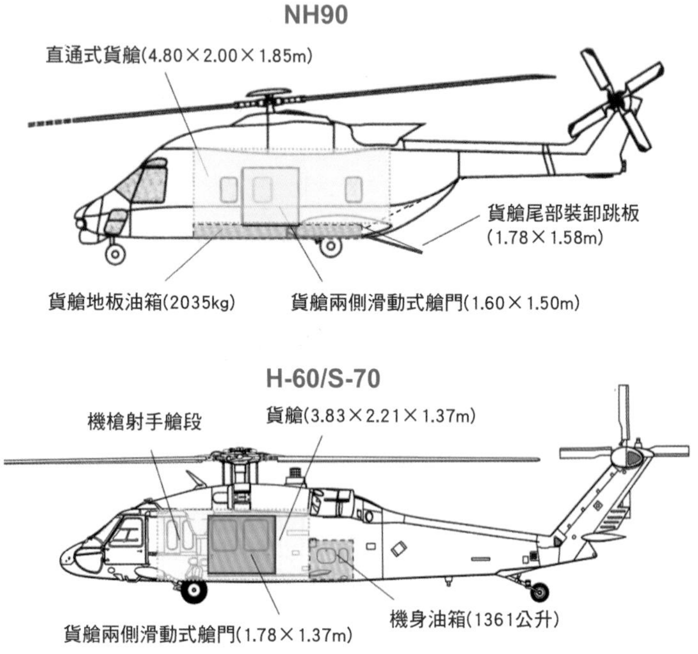

NH90與H-60/S-70的機艙佈置對比

H-60/S-70的機體構型特徵

對H-60/S-70來說，由於只需考慮運載人員與散貨，並不需要貨艙尾部跳板，如此一來該機既可選用前三點式起落架，也能選用後三點式，最後塞科斯基選擇抗墜落衝擊性更佳的後三點式起落架，同時把油箱安置在貨艙與尾桁段之間，有助減低機身高度，滿足美國陸軍嚴苛的空運要求。

另外由於空中突擊是H-60系列最基本任務，基於提供機降突擊時的火力掩護，以及提高搭載部隊進出貨艙速度的需求，H-60在緊鄰駕駛艙後方的貨艙前段，設置

■ 承襲美軍在越戰時發展的空中突擊作戰，黑鷹直升機除了兩側有特別寬敞的滑動式艙門，艙門與駕駛艙之間還有小型舷窗，可供架設機槍武裝。 US Army

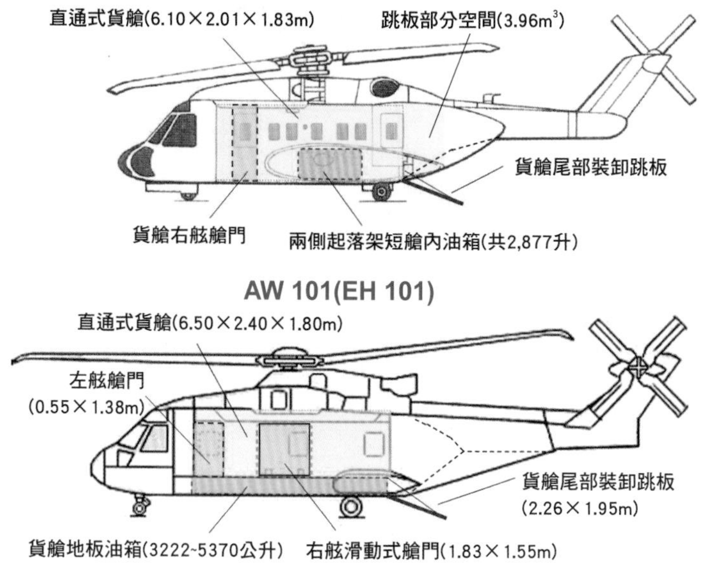

S-92與AW101的機艙佈置對比

專門的機槍射手座，貨艙兩側則設有特別寬敞的滑動式艙門。藉由這種配置，可得到機載機槍不會干擾到部隊進出，大尺寸滑動艙門便於提高人員出入速度等好處。

所以H-60系列的機體由前而後，便形成「駕駛艙—貨艙前段（射手座椅）—貨艙後段（乘客座椅）—油箱」的4段佈置方式，另外再搭配兩側大型滑動艙門與後三點式起落架。

與其他機型的對照

與其他中型直升機對照後，便能很清楚看出NH90與H-60/S-70的機艙構型特色所在。

在當前中、大型直升機中，奧古斯塔．威斯特蘭的AW101（EH101）機艙佈置與NH90最接近，同樣都設有貨艙尾部跳板門，以及位於貨艙右側的滑動式艙門，反映兼顧大型貨物運載，以及人員進出便利性的需求。而為了採取這種構型佈置，AW101也採用和NH90相同的前三點式起落架，以及位於座艙地板下的油箱。

而塞科斯基研發的S-92，機艙佈置則介於NH90與S-70兩者之間。S-92設有貨艙尾部跳板門，也因此採用前三點式起落架，但把油箱設置在機身兩側容納主起落架的大型短艙內。

但為滿足任務需要，S-92內部油箱的容量達2877公升，超過S-70系列兩倍以上，但這也造成S-92用來容納油箱的兩側短艙結構變得相當長，幾乎相當於整個貨艙長度的3/4以上，以致S-92沒辦法在貨艙側面設置大型滑動艙門，只在貨艙右舷前部設置1個小型艙門。S-92這種配置突出了裝卸大型貨物的便利性，但較不利大量人員快速進出。

■ 採用固定式起落架的Mi-8/Mi-17系列，貨艙後方設有左右開啟的大型艙門，油箱位於機身兩側下方的鼓起處，但並未設置大型的側面艙門。 ML

除了前面幾種新機型，可再來觀察一些較老的中大型直升機佈置方式，比較各機型的任務特性與設計訴求重點。

如同樣由塞科斯基設計的S-80/CH-53E系列，採用類似S-92的佈置，即貨艙尾部設有裝卸跳板門、油箱設於兩側起落架短艙，因兩側短艙佔據大部分機體側面空間，故沒有側面大型滑動式艙門，只在貨艙前部右舷開設一扇小型艙門。

俄羅斯的Mi-8/Mi-17系列則同時採貨艙地板油箱，以及位於機身兩側的外部油箱，兼顧燃油酬載與容積足夠的直通貨艙，貨艙尾部則設有便於大尺寸貨物進出的大型蚌殼式艙門，但由於貨艙兩側被外部油箱佔去相當空間，只能設置較小的滑動艙門。顯然這兩款機型都是以運載大型機具、貨物，以及一般人員運輸為主，較不考慮必須因應敵情威脅、需盡可能提高人員進出貨艙速度的空中突擊任務。

法國歐洲直升機公司的SA332/EC225/EC725超級美洲獅家族則比較特殊，該機採用地板油箱，因而能在貨艙兩側設置便於人員出入的大型滑動艙門，另外由於採用前三點式起落架，也能在貨艙尾部地板上設置一個貨物進出開口，但這個開口相當小（僅0.98×0.70公尺），主要是供長度較長、無法從兩側艙門出入的貨物裝卸用，而無法用來運載大型貨物。因此儘管採用與NH90、AW 101相似的地板油箱與前三點式起落架，但定位仍以人員運輸為主。

■ 法國EC725(上)與近年引進國軍的EC225(下)等超級美洲獅系列，皆不具備貨艙大型尾門，且因機槍手舷窗的有無，分別採用前推側滑機門與兩扇式機門。 US DoD/ML

外型與尺寸

物理尺寸的比較，是分析、比較機型時最基本的出發點。此處選擇NH90 TTH，以及S-70系列中較常見的UH-60A/L、SH-60B等幾款作為比較基準。

從表10與表11可看出，無怪乎兩種機型會被列為「同級」。首先在機體的外型尺寸方面，NH90與UH-60十分相近，旋翼尺寸更是幾乎相同，除了到旋翼頂部的高度與起落架輪距差距較大，其餘尺寸參數均只相差4～10%。NH90的高度與主起落架輪距均比UH-60多了近半公尺，但UH-60有更大的前後起落架輪距。

在重量方面，NH90的基本空重依不同款式約在5500～6400公斤之間，較輕的型式如NH90 TTH或澳洲訂購的MRH-90，空重較UH-60L與UH-60M兩種改良型黑鷹直升機稍重約4.7～11%，較重的NFH型則與S-70B系列的艦載型SH-60B或特戰搜救型的HH-60H相近，僅稍重4～5%。但10噸重的典型任務重量便比UH-60高出13.6～25%以上，也比艦載的SH-60B高出2.5%。

不過在最大起飛重量方面，NH90便與除了UH-60A以外的UH-60各型非常接近，相差只有3～4%。注意不同來源的NH90重量數據記載略有差別，參見表11說明。

表10 NH90與UH-60的外型尺寸對比

機型		NH90	UH-60A/L
長度(m)	機體	16.13	15.43
	含旋翼	19.56	19.76
寬度(m)	機體	2.60	2.36
	含起落架艙	3.63	2.96
	含水平安定面	4.61	4.38
高度(m)	總高度	5.31	5.13
	至主旋翼頂	4.23	3.76
主旋翼直徑(m)		16.32	16.36
尾旋翼直徑(m)		3.20	3.35
主起落架輪距(m)		3.20	2.70
前後起落架輪距(m)		6.15	8.84

表11 NH90與UH-60的重量對比

機型	NH90	UH-60系列				
區分	TTH NFH	UH-60A	UH-60L	UH-60M	SH-60B	HH-60H
空重(kg)	6400(1)	5122	5349	5675	6191	6114
標準任務重量(kg)	10000(2)	7715	8038	8799	9575	–
最大起飛重量(kg)	10600 11400(3)	9193	9988 11113(4)	10215 11113(4)	9926	9967

(1)NHI原廠資料僅記載NH90的通用基本空重為6400kg，未區分不同構型。參照Jane's的記載則為基本型空重為5400kg，NFH型含設備的空重為6428kg。另可參考澳洲航太公佈的MRH90(NH90 TTH衍生型)空重為5945kg。

(2)參照Jane's的記載，NH90 TTH的典型任務重量為8700kg，NFH型為9100kg。

(3)含外部酬載時的最大起飛總重。

(4)執行飛送任務時的最大起飛總重。

基本飛行性能

接下來看廠商公佈的基本飛行性能數據。要特別注意的是，由於兩家廠商公佈數據使用的基準不同，所以表11的性能對比只能作為粗略參考，而不能當作精確比較結果。NH90的性能數據採用較寬鬆的環境條件設定，如國際標

表12 NH-90與UH-60飛行性能對比

機型	NH90	UH-60A	UH-60L	UH-60M
最大巡航速度(節)	162	140(5)	155(5)	153(5)
標準巡航速度(節)	142	140	140+	140+
懸停升限(有地效)(m)	3200(1)	3048(5)	—	3206
懸停升限(無地效)(m)	2600(1)	3170(1)	2330(5)	1831
爬升率(m/min)	671(1)	1645(5)	401(5)	502(5)
	521(2)	119(5)	5835	—
最大升限(m)	6000	5700	584(6)	511(9)
最大續航距離(km)	982	592(6)	1630(7)	—
	900(3)	1630(7)	2222(8)	
	1600(4)	2222(8)	2小時6分	
最大耐航時間	4小時35分	2小時18分		

(1)總重10000kg，ISA與海平面條件。
(2)總重10000kg，ISA+10°C(25°C)與海平面條件。
(3)內載2500kg。
(4)增設內部輔助油箱。
(5)總重7627kg，4000呎(1220m)高度與95°F(35°C)氣溫。
(6)內載燃料，最大起飛重量，含30分鐘預備燃料。
(7)外帶2個230加侖副油箱。
(8)外帶2個230加侖+2個450加侖副油箱。
(9)內部燃油，無預備燃料。

準大氣（ISA）與海平面，或ISA+攝氏10度氣溫與海平面高度等，而UH-60則採4000呎（1220公尺）高度與氣溫華氏95度（攝氏35度）的較高海拔與氣溫條件。不過NH90採用的重量條件比較嚴格，為空機加上至少3.5噸有效酬載（含燃油、乘員、貨物與設備等）、接近最大起飛重量狀態，而UH-60則僅是空機加上2噸左右有效酬載，僅為一般任務起飛重量狀態。

儘管如此，從表12仍可大致判斷，除了航程表現有較大差距，NH90與UH-60系列的其餘性能數據相去不遠。從帳面數字來看，NH90的飛行性能確實明顯優於UH-60系列中最老舊的UH-60A，但若與強化動力的UH-60L或最新一代的UH-60M/S-70i相比，就沒有明顯優勢。

至於航程上差距，主要來自NH90擁有較UH-60系列多出80％以上的內載燃油容量所致。不過UH-60系列可透過外部酬載支援系統（External Stores Support System, ESSS）攜帶數量更多、總容量更大的外載副油箱，從而抵銷內載燃油量方面的劣勢。

除了表12中較常見的速度、爬升率、航程等數據，另外還有其他可用來衡量直升機性能表現的參數。由於直升機是依靠發動機驅動主旋翼葉片產生的升力來飛行，因此就像固定翼飛機有「翼負荷」與「推力重量比」兩個用來衡量性能的參數，直升機也有相對應的「主旋翼槳盤負荷」與「傳動系統功率負荷」兩組參數，可用於評估性能。

一般來說，槳盤負荷越低，以及傳動系統功率負荷越低，代表直升機擁有更大的升力與動力餘裕，在各種環境下可有較佳的性能表現。

從表13可看出，NH90與UH-60後期型（L與M構型）在「主旋翼槳盤負荷」與「傳動系統功率負荷」方面的數據十分接近。NH90的主旋翼直徑與UH-60幾乎相同，不過空重與任務重量卻更大，因而影響到槳盤負荷。不過這項數值只單純考慮主旋翼尺寸，而沒有考慮不同葉片設計的氣動力效率差異。

表13 NH-90與UH-60動力性能對比

機型		NH90 TTH	NH90 NFH	UH-60A	UH-60L	UH-60M
主旋翼槳盤面積(m²)		208.67	208.67	210.15	210.15	210.15
槳盤負荷(kg/m²)	任務重量	41.7	43.6	36.7	38.1	41.7
	最大起飛重量	47.9	47.9	43.5	47.3	48.4
主齒輪箱額定輸出功率(shp)		3414	3414	2828	3400	3400
動力負荷(kg/shp)	任務重量	2.54	2.66	2.72	2.36	2.58
	最大起飛重量	2.93	2.93	3.25	2.93	3.00

功率負荷方面，雖然帳面上看起來，NH90採用的發動機如RTM322-01/9或T-700-GE-T6E，輸出功率都比UH-60L或UH-60M的T700-GE-701C和-701D高出12～20％，比UH-60A的T700-GE-700更高出40％以上。但NH90與UH-60L/M的傳動系統主齒輪箱額定輸出功率都是3400匹軸馬力（shp）等級，因此在一般雙發動機連續輸出狀態下，兩款機型從傳動系統得到的輸出功率相差不大，擁有十分相近的「功率負荷」數值。

不過更大的發動機功率，能賦予NH90較UH-60明顯更高的動力餘裕，當一具發動機失效、或在起飛或其它需要大功率輸出的緊急場合，以及遭遇會導致發動機輸

■ NH90雖是首款採用線傳飛控系統的量產直升機，但圖中的S-70i等新一代黑鷹直升機也將引進線傳飛控，具備同等級的操控品質與敏捷性。 Sikorsky

出功率衰減的高溫、高海拔、高濕度環境時，NH90將擁有更好的動力輸出表現。

此外還有許多性能面向如操縱品質、敏捷性與機動性等，不是前面的性能參數所能反映。就一般而論，擁有線傳飛控（Fly-By-Wire, FBW）系統的NH90，在操縱品質、操縱精確性與敏捷性，表現應該都會優於使用傳統機械式增益穩定飛控系統的UH-60，後者得等到同樣導入線傳飛控的最新一代UH-60M升級型UH-60Mu，才能追上NH90在這方面的水準。

至於更深入的飛行性能對比分析，必須依靠廠商提供的性能包絡線圖，但目前僅能收集到S-70系列的包絡線資料，NH90仍缺乏這方面細節資料，故此處只能對前述基本性能參數進行簡略比較。

任務性能的比較

通用運輸直升機的任務，簡單說來就是把指定的人員、貨物，按一定路徑與高度—速度剖面飛行，從某一地點送抵另一指定地點。考慮到直升機的速度、航程都有限，因此在執行任務前，直升機還得被先部署到作業區之內才行。

因而若要衡量NH90與UH-60兩個通用直升機系列的任務性能，便可從部署彈性、航程、酬載能力等個方面出發。

部署能力

可分自力部署與戰略部署能力兩方面。自力部署即是依靠自力飛行執行部署任務，牽涉到的主要因素為飛送航程。

以表14的數字來看，NH90與UH60的飛送航程大致同等級，儘管NH90擁有高出許多的內載燃油量（約2500公升對1361公升），在只使用內載油箱時，航程明顯遠高於UH-60系列。但飛送任務一般都會使用外載副油箱，因此UH-60便能透過ESSS外部酬載支援系統扳回一城。

藉由ESSS外部掛架幫助，UH-60可攜帶最多4個副油箱，得到高達5000公升以上的額外燃油。相較下，NH90只能攜帶2

表14 NH-90與UH-60燃油攜載量與飛送航程

機型	NH90	UH-60	SH-60B/HH-60H/J
內載燃油	2035kg(約2500公升)	1361公升	2233公升
內載輔助油箱	400kg(約500公升)×4	757升×2(1)	—
外載輔助油箱	292kg(約365公升)×2	870公升×2+1703公升×2 (最大5146公升)	455公升×2或3(3)
飛送航程(2)	1600	1630 2222	—

(1)僅部分構型可使用內部輔助油箱。 (2)數據條件參照表12。
(3)SH-60B與HH-60H可掛2個副油箱，HH-60J則可掛3個。

■ UH-60可透過ESSS外部酬載支援系統攜帶最多4個副油箱，得到超過5000公升的額外燃油供應，獲得較佳航程表現。 US Army

個容量合計約730公升的副油箱，即使利用貨艙帶滿4個內部輔助油箱，也只能另外增加2000公升燃油。

因此若雙方都使用副油箱時，UH-60便能扭轉內載燃油較少的缺陷，擁有等同、甚至超越NH90的飛送航程性能。不過前提是操作環境條件須能允許UH-60以內載油箱全滿、且掛滿4個外載副油箱的構型起飛，UH-60在這構型下的總重量遠超出正常最大起飛重量範圍，需有一定外在條件配合才能有效運用。

直升機雖然能透過外載副油箱或空中加油來延伸航程，但對於越洋或跨越戰區部署任務，讓直升機自力飛行顯然並不現實，不僅危險、也缺乏效率，因此多半是透過空運或海運來進行這類長程部署任務。海運由於船隻的空間與承載餘裕十分充足，用以運送直升機一般不會有什麼問題，較需要考慮的是空運問題。

NH90、UH-60這類中型直升機的空重只有5、6噸，絕大多數中型以上的運輸機都能承載這程度的貨物重量，較大問題是在體積方面。

如果直升機體積過大，那就必須拆解才能裝進運輸機的貨艙，而在運抵目的地後，還得重新組裝，才能讓直升機恢復飛行能力，不管空運前還是空運後，都需要相當長的整備時間。舉例來說，UH-1系列的體型與重量雖然不大，但高度遠超過美軍C-130、C-141貨艙所能允許的尺寸，空運前必須先卸下主旋翼、尾旋翼與部分傳動系統，耗費的作業時間多達38.5人時。

因此較好的作法是利用摺疊機構縮減直升機機體佔用空間，盡可能避免事先拆解必要，以便讓直升機能以完整的構型裝進運輸機貨艙，待抵達目的地後，只要解開摺疊機構重新展開機體，便能讓直升機迅速恢復值勤能力。

UH-60與NH90在設計上都考慮這方面需求，主旋翼、尾桁與水平安定面都有折疊機構，可縮小機體佔用空間，不僅有利於空運，同時也有利於地面廠站作業。不過兩種機型相較下，UH-60在利用空運的戰略機動性方面，明顯比NH90優秀。

基於全球部署的需要，美國陸軍在「通用戰術運輸飛機系統」計畫規格中，便明定必須能不拆解便直接利用C-130空運的要求（註33）。於是如何把機體塞進C-130僅12.3公尺長、3.12公尺寬、2.74公尺高的貨艙，便成為參與競標的塞科斯基與波音—弗托兩家廠商的一大難題，特別是2.74公尺的高度限制，給機體設計帶來很大障礙。

■ 無論陸軍型或海軍型NH90，均有便於縮減機體空間的機構。圖為澳洲陸軍MRH-90進入美軍C-17運輸機貨艙後，兩名技師正以人力折疊尾桁。 Australia DOD

表15 NH-90與UH-60折疊後的尺寸對比(單位：m)

機型		NH90	UH-60
長度	摺疊前	19.56(含旋翼)	19.76(含旋翼)
		16.13(機體長)	15.43(機體長)
	折疊後	13.64	12.59
寬度	摺疊前	16.32(含旋翼)	16.36(含旋翼)
		4.61(水平安定面)	4.38(水平安定面)
	折疊後	3.82	3.00
高度	摺疊前	5.31(含尾旋翼)	5.13(含尾旋翼)
		4.20(主旋翼頂)	3.76(主旋翼頂)
	折疊後	4.20	2.67

註33：美國陸軍在「通用戰術運輸飛機系統」計畫訂出的空運需求，包括：
(1)裝載準備時間1.5小時以內，耗用5.0人-小時。
(2)裝載與卸載作業耗時30分鐘以內。
(3)卸載後恢復飛行的預備作業時間2小時以內，耗用5.0人-時。
由於設定的空運整備時間標準十分嚴苛，已杜絕空運前大部分解機體、抵達目的地後再重新組

■ 空運性是為UH-60設計帶來最大限制的需求，不僅是運輸機貨艙規格決定了機體尺寸上限，由於美軍要求減少裝運前後的整備時間，UH-60也具備可摺疊的主旋翼與尾桁，主起落架也可跪倒，減少空運所需空間。 USAF

裝的可能性。只能設法摺疊機體，直接塞入運輸機貨艙。

最後塞科斯基透過降低主旋翼軸高度，並為主起落架設置了「下跪」的機構，讓UH-60A的總高度可降到僅有2.67公尺高，成功達成嚴苛的空運需求。按設計，1架C-130可運載1架UH-60，C-141則可運載2架，大型的C-5A更可同時運載6架，C-17也能載4架。

相較下，NH90僅管也能摺疊主旋翼與尾桁，但折疊後的高度仍然有4.2公尺高（某些記載為4.10公尺），不僅塞不進C-130的貨艙，即使是歐洲研發的A400M運輸機也無法容納（貨艙尺寸為23.2×4.0×3.85公尺（長×寬×高）），甚至連C-17與C-5運載都有困難（貨艙高度均為4.11公尺），只有An-124才能方便容納（貨艙高度4.4公尺）。因此多數情況下，NH90都必須先經過一定程度拆解才能進行空運，但這一來，無論空運前、後都需要相當長的整備時間。

如果以美國陸軍標準來看，NH90的空運性能是不合格的，但從另一方面來看，絕大多數國家都沒有美國那樣的全球部署需求，許多國家的直升機，可能終其役期都沒有海外部署機會，自然也不需為了滿足空運需求而煞費心思。即使偶爾有空運需要，多數國家也能忍受拆解、重組部件的不便。而在放寬空運能力要求後，還能給機體設計帶來更多彈性，可允許更高的貨艙高度，不必犧牲貨艙容積。

任務航程

如前所述，由於NH90內載燃油量較UH-60系列多了80％以上，在只使用內載燃油的任務組態中，航程與任務半徑幾乎可以比後者高出一倍。以NH90 TTH為例，在ISA+攝氏15度、1000公尺離陸高度環境下，滿載14名全副武裝士兵的NH90可擁有456公里的行動半徑，其中包括以140節航速巡航、接近目標區時的匍匐飛行、著陸、兵員離機，然後返航，返航著陸時還能保有30分鐘預備燃料。反觀UH-60系列在只使用內載燃料時，行動半徑一般都只有185～230公里。

UH-60雖然可透過ESSS外部掛架攜載副油箱來延長航程，然而在既定的最大起飛重量下，有效載重（useful load）數字是固定的，若攜載越多燃油，則運載人員貨物的能力就會降低。為攜帶任務必要的人員或貨物酬載，就必須限制外載副油箱的使用。

相較下，NH90由於可允許更大的標準起飛重量，有效載重能力較UH-60各型高出

■ 相對於黑鷹直升機，NH90並不特別重視戰略空運的效率，即使是以當前貨艙最寬大的An-124空運，仍需拆下主旋翼與部份尾旋翼，才能進入貨艙，圖為2架紐西蘭訂購的機體運送情形。 NHI

34～62%不等，即使滿載燃料，仍能保有相當程度的人員、貨物運載能力，航程—酬載性能明顯優於UH-60系列。

不過若把比較範圍擴大到整個H-60/S-70系列，則H-60/S-70系列中也有內部燃油量與有效載重較高的衍生型，如海軍型S-70B系列中的SH-60B、HH-60H/J等機型都擁有2233公升的內載燃油量，比陸軍型的UH-60大了64%，此外海軍型機體的有效載重也比陸軍型高出13～38%，航程性能比陸軍型高出不少（可達800公里以上）。所以海軍型NH90相對於海軍型SH-60或HH-60的酬載—航程性能優勢，便遠小於陸基型NH90相對於陸軍型UH-60的優勢。

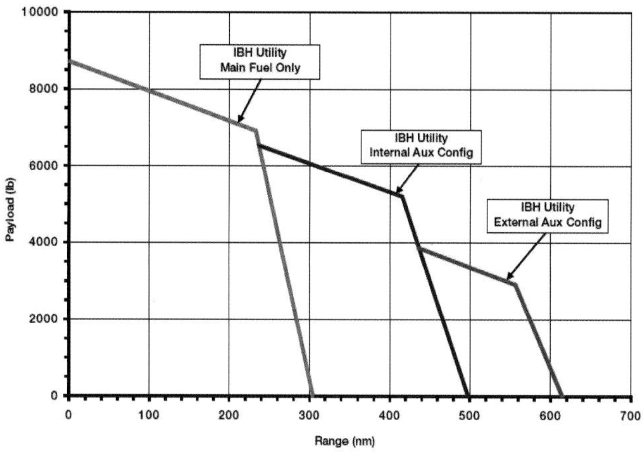

S-70i的酬載－航程性能圖（ISA+20℃、4000呎高度巡航、保留20分鐘預備燃料），可當作黑鷹系列的參考。
由圖可明顯看出酬載－航程間的反比關係，在既定起飛重量下，攜帶越多燃油，酬載就會相應減少。若把S-70i航程定在200海浬，則最大酬載約為7200磅(3268公斤)。若欲將航程延長到400海浬，必需搭配使用內部輔助油箱，以致酬載將降低到約5400磅(2451公斤)。若搭配使用2個870公升外載副油箱，雖能將航程進一步提高到600海浬，但酬載也會相對減少到約900磅(408公斤)。

至於更精確詳細的酬載—航程性能比較，必須依靠廠商提供的酬載—航程性能關係線圖，目前NH90尚無這類細節資訊公開，因此只能就既有基本數據作粗略對比。

酬載能力比較

對通用直升機來說，最重要就是酬載能力。首先分別來看最大內、外部酬載以及有效載重等規格數字。

內部載重

從表16可看出，NH90內部載重數字高出UH-60A/L兩倍以上，差距十分明顯。然而NH90的內部載重能力雖然確實較優，但實際上差距並沒有帳面數字那樣大。

造成問題的主因，是兩種機型的內部載重數據計算基準不同，UH-60的貨艙載重量是以美國陸軍「通用戰術運輸飛機系統」要求的搭載11名全副武裝士兵為準（每名重240磅），總載重量便是2640磅或1198公斤，機上另外3名機組乘員（正、副駕駛與兼任機槍射手的乘員長（crew chief））都不列入內部載重數字中。相對的，NH90的內部載重數字則包含機上所有

■ 同屬艦載反潛直升的機NH90 NFH(下)與SH-60B(上)。若從海軍型比較，兩者在內部燃油量與有效載重的差距，並不如陸軍通用型來得大。 US Navy/NHI

表16 NH-90與H-60/S-70系列的任務重量比較

機型	NH90	UH-60A	UH-60L	UH-60M	HH-60H	HH-60J	MH-60S
最大內部酬載(kg)	＞2500	1198	1198	1607	1860	—	—
最大外部吊掛重量	4000	3632	4086	4086	—	—	—
有效載重(kg)	4200(1)	2592(2)	2689(2)	3124(2)	—	3551(2)	4123(3)

(1)以10600kg標準最大起飛重量為準。 (2)以標準任務重量為準(見表1-2)。 (3)以10659kg最大起飛重量為準。

人員（含機組）與貨物。

隨著美國陸軍要求為UH-60增加1名機槍手，同時把單兵重量標準從240磅上調到290磅，最新一代的UH-60M內部載重便提高了34％，超過1600公斤。H-60/S-70系列中某些衍生機型還有更高的內部載重數字，如美國海軍的HH-60H特戰／搜救型便擁有1860公斤（4100磅）的內部載重能力。雖然HH-60H的設計與UH-60存在一些差異，但動力系統性能同級，因此HH-60H的內部載重數字仍可當做整個H-60/S-70系列的一個代表。

考慮這幾個方面問題後，可知NH90的內部載重數字固然高於UH-60，但差距並沒有大到兩倍這麼多。

外部吊掛重量

NH90以及強化動力系統的UH-60L、UH-60M，都擁有4,000公斤等級的外部吊掛載重能力，比基本型UH-60A高12.5%。

有效載重

有效載重（Useful load）是衡量直升機載重能力時最重要的一組數字，其定義為包括燃油、機員、乘客與貨物等非機體結構設備的總重量，在給定的起飛重量下，最大有效載重數字是固定的。

從表16中可以看出，NH90由於在標準狀況下，即可允許以10噸的任務重量值勤，因而有效載重比UH-60黑鷹系列各型高出34～62％，性能超出一個層次。UH-60系列雖然也能擁有10噸上下的最大起飛重量，但一般情況下允許的任務重量只有7.7～8.9噸，有效載重遜色不少。

但若與特戰型黑鷹或艦載的海鷹系列相比，NH90的優勢就很有限，海鷹系列中的SH-60B、HH-60H/J等型的典型任務重量就達到9.3～9.5噸，有效載重與NH90只相差1.8～18％，基本上可算是同等級。

不過要特別注意的是，前述比較中所採用的NH90有效載重數字（4.2噸），是以官方公布的10.6噸最大起飛重量與6.4噸空重為基準算出（這也是官方公布的有效載重數字），其中10.6噸最大起飛重量是不變的，但實際空重數字，會隨各使用國選擇的配備構型而有不同，因此不同使用國的NH90有效載重也會有所差異。

如紐西蘭公佈該國訂購的NH90 TTH型，含固定任務裝備後的基本重量為7噸，較廠商的NH90空重數字重上不少，所以紐西蘭的NH90有效載重便會減少到3.6噸。相對的，澳洲航太公司公佈的MRH90（澳洲版NH90 TTH衍生型）空重為5.95

■ 黑鷹直升機在酬載重量不如NH90的狀況，透過換裝發動機，就不是如此明顯，如上圖為更換T700-701D發動機的UH-60M，下圖為安裝T700-401C發動機的海軍通用型MH-60S。

噸，以此為基準計算，有效載重將增加到4.65噸。

在S-70/H-60系列，若環境允許以最大起飛重量作業，則有效載重數字亦會大幅拉高到4～4.5噸以上，與NH90之間的差距非常小。

簡單看過幾項關於運載能力的基本數據後，接下來分為貨物與人員運輸兩部份，分別討論NH90與UH-60兩款機型的性能特性。

貨物運輸能力

影響到直升機貨物運輸能力的基本因素，包括載重能力、貨艙容積，以及貨物裝卸能力等三項。其中載重能力已在前文說明，此處只針對後兩項。

表17 NH-690與UH-60系列的貨艙容量比較

機型	NH90	NH90 HCV[1]	UH-60
貨艙長度(m)	4.0	4.0	3.83
	4.8(含卸貨跳板)	4.8(含卸貨跳板)	
貨艙寬度(m)	2.00	2.00	2.21
貨艙高度(m)	1.58	1.82	1.37
貨艙容積(m^3)	12.64	14.56	11.6
	15.20(含卸貨跳板)	17.50(含卸貨跳板)	

(1)瑞典訂購的貨艙加高型。

在貨艙地板面積與可用容積方面，如果不算NH90貨艙尾部的卸貨跳板部分，NH90的貨艙地板面積與UH-60幾乎完全相同（NH90貨艙較長，但UH-60則較寬），在容積方面也與UH-60非常接近，相差只有8.9%，NH90的貨艙高度較高一些，而UH-60則更寬一些。但若加上貨艙尾部跳板可供使用部分，NH90的貨艙地板面積與容積，便會比UH-60分別高出20%與31%，優勢相當明顯。

NH90不僅貨艙容積更大，另一個重要優點是貨艙形狀要比UH-60更為均整，可帶來不少空間調派的便利，進而有更好的空間運用效率，可像一般定翼運輸機一樣，利用北約標準的1×1.4×1.3公尺小型貨櫃運輸貨物（可容納2個），要改裝為其他用途也更為方便。

NH90除了貨艙容積更大、貨艙形狀也更均整，在貨運能力方面更具決定性的優勢是貨艙尾部跳板門，有助於大型整件貨物的裝卸，特別是尺寸較長、無法經由兩側艙門裝卸的貨物，也可供北約標準1×1.4×1.3m小型貨櫃直接裝卸，另外一些兩噸以下小型機動車輛（如6×6全地形車等）或更輕的摩托車，還可自行駛入、駛出貨艙，作業上非常方便。

反觀UH-60就受限於先天設計，只能利用貨艙兩側的滑動式艙門裝卸貨物，這一來不僅艙門大小會限制可運輸的貨物尺寸，裝卸作業也較不方便。雖然可將貨艙地板改裝為含有滾輪的貨物處理系統，改善貨物在貨艙內部調度、移動搬運的效率，但仍需要依賴地勤支援機具的幫助，才能將大型貨物裝入或卸下貨艙，整體運用的便利性與裝卸效率仍不及擁有尾部跳板的NH90。

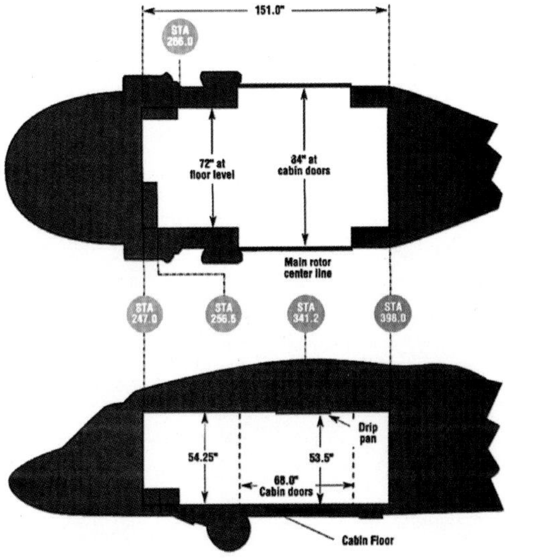

■ UH-60的貨艙佈置圖解。與NH90相比，UH-60的貨艙不僅容積較小，且形狀也較不均整，運用上較不方便。Sikorsky

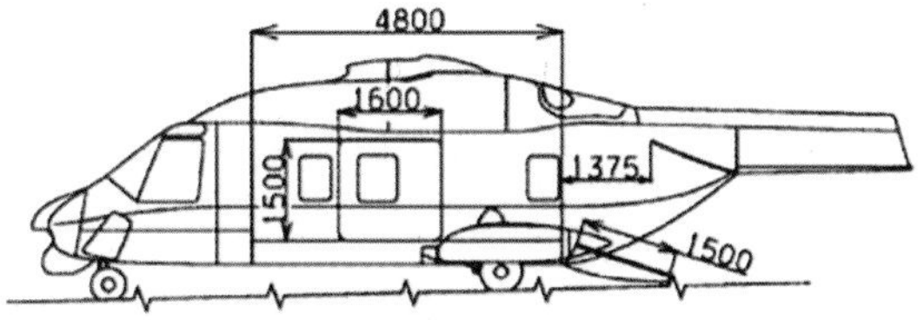

■ NH90的貨艙佈置，另有瑞典的貨艙加高型，增加24公分高度。總高度成為1.82公尺，可獲得額外14%容積。 NHI

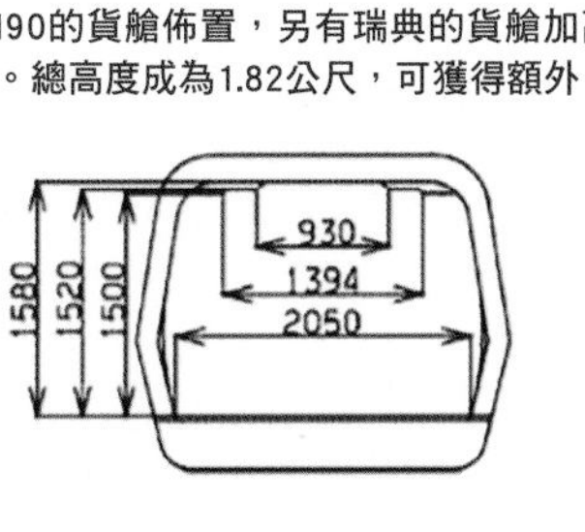

■ 針對無法利用貨艙運輸的大型貨物，NH90同樣可改用外部吊掛方式運載。但外部吊掛對飛行帶來的操作限制，要比內部運載大上許多。 NHI

■ NH90 TTH貨艙尾部跳板門除了供人員與貨物上下，如全地形載具等小型車輛還可直接駛入與駛出，提高運用彈性。 NHI

這樣的差距是最初制定需求規格造成，美國陸軍並不需要讓UH-60具備內載大型貨物的能力，遇到大型貨物，可改由更大型的CH-47負責運載，故UH-60無法內部裝載大型貨物並不成為問題。不過對對其他資源有限的國家來說，很可能就會造成機隊運用的一個障礙，此時NH90的貨運能力便能提高更大彈性。

當然直升機要運輸大型貨物並非只有內部運載這個辦法，利用吊鉤外部吊掛是另一種運輸大型貨物的手段。NH90與UH-60系列可允許的最大外部吊掛重量基本上持平，但除了「能吊起多重的貨物？」，另一重要的問題是「能吊著這樣重的貨物飛多遠？」

外部吊掛大型貨物會大幅增加飛行阻力，影響到直升機的航程表現。另外貨物重量也會佔去有效載重，在最大起飛重量的限制下，若吊掛的貨物重量太大，就只能削減燃油攜載量來因應。

以UH-60來說，當在4000呎高度與華氏95度氣溫條件下，以內部燃油滿載、外部吊運5000磅（2270公斤）貨物、接近最大起飛重量的9102公斤起飛時，任務半徑便只剩135公里（含20分鐘預備燃料）。若要把任務半徑延長到200公里以上，就必需減少外部吊掛重量。

在這方面，內載燃油量與有效酬載數字均較高的NH90顯然更為有利，必要時也能改用內部貨艙來容納貨物。按原廠宣稱，在ISA+攝氏15度與1000公尺起飛高度，內載2000公斤（4400磅）貨物的NH90 TTH型可有300公里的任務半徑（含30分鐘預備燃料），表現明顯超出UH-60。

人員運輸能力

此處我們以NH90 TTH與UH-60為對象，分一般人員運輸，以及空中突擊任務兩部份討論兩種機型的人員運輸能力：

■ NH90 TTH貨艙的14人座標準兵員運輸配置示意(下)，上圖為駕駛艙到側面機門之間的座椅，在UH-60通用型，此處則為槍手與乘員長席位。 NHI

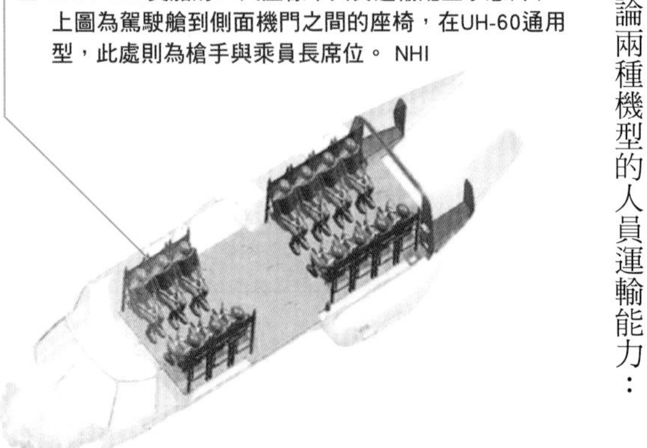

(1)一般人員運輸

NH90與UH-60都有標準的低密度運輸構型，以及高密度運輸構型兩種人員運輸模式。

NH90的標準人員搭載模式為2名駕駛加上貨艙的14名全副武裝士兵；UH-60為2名駕駛加1名乘員長，再加上11名士兵。乍看下似乎NH90可多載3名兵員，但這是因為乘員編制與計算基準不同所致，扣除位於駕駛艙的正副駕駛不算，UH-60的貨艙在標準狀況下其實佈置了13張座椅，標準編制的1個步兵班只佔用其中11張，剩餘2張是留給機組乘員使用。

若參照美國海軍MH-60S通用直升機的經驗，H-60/S-70這尺寸的貨艙其實也能佈置14張座椅，故運載人數可與NH90持平。

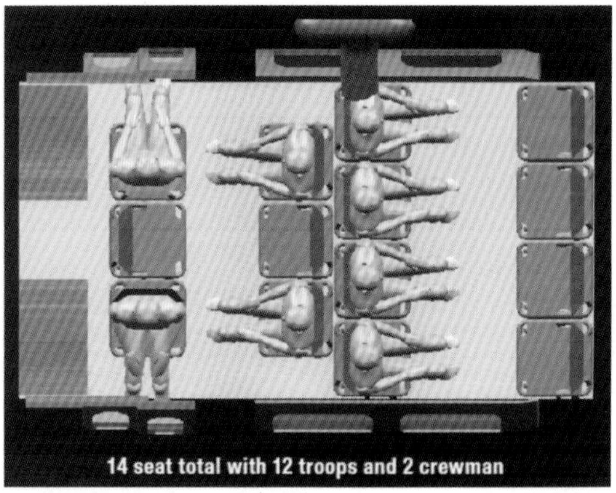

■ MH-60S的14名人員運輸配置(上)與NH90的20人座高密度佈置(上圖為NH90，相較下UH-60的高密度佈置顯得擁擠，較無實用性。Sikorsky/NHI

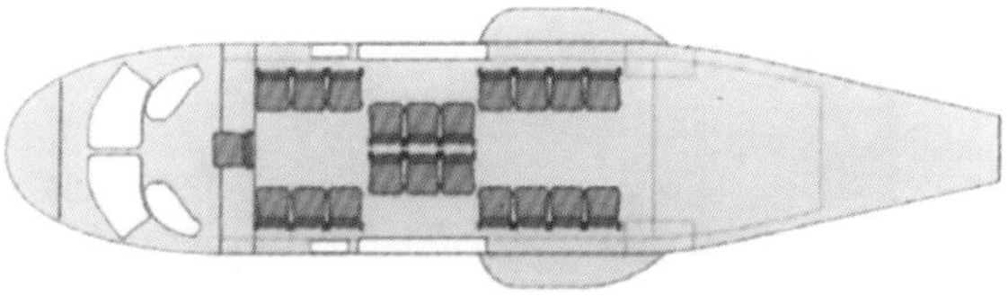

此外NH90與UH-60都有可容納20人座的高密度輸送構型，這構型可容納更多乘客，不過由於空間將變得非常擁擠，以致影響到進、出貨艙效率，與遭遇墜落衝擊時的人員生存性，一般只用在沒有敵情顧慮的場合。

雖然兩種機型在高密度配置下都能搭載20人，但NH90由於貨艙更長，因而還是能沿用原有的兩排縱向座椅配置，空間尚不致顯得過於侷促。相較下，UH-60的20人座佈置有些勉強，實用性較差。

(2)空中突擊運輸

與一般人員運輸任務相較，空中突擊任務由於有敵情顧慮，因此帶來兩項額外的需求：

・載機必須安裝機槍，以在著陸區提供基本的壓制與掩護火力。

・必須儘可能提高人員進、出貨艙的速度，藉以縮短載機在著陸區滯留的時間。

問題在於，若設計不當，則這兩項需求可能會彼此衝突——設於兩側艙門的機艙可擁有最大射界，卻會妨礙人員出入；反之若以提高人員出入速度為優先考量，又會限制允許安置機槍的位置。

在這方面，UH-60不愧為專為空中突擊任務最佳化的機型。首先，UH-60將機槍佈置在緊接在駕駛艙後方的貨艙最前段兩側，在保有射界的同時，又不會影響乘坐在後方的士兵進出貨艙。

其次，UH-60的貨艙採用三排橫列式座椅，搭配兩側異常寬敞的向後滑動式艙門，三排座椅上的士兵都可以非常方便的從兩側進出貨艙，坐在兩側最外側的6個人幾乎一轉身就能踏出貨艙，而寬大的艙門寬度（1.78公尺）也可允許同時讓兩人出入（艙門寬度最多可併排3人，只是這樣會略嫌擁擠），理想情況下，只要兩個輪

■ UH-60的構型設計專門針對空中突擊任務作最佳化，其橫排式座椅配置，與非常寬敞的兩側貨艙門，可讓搭載的部隊在5秒內完成進、出動作。 US Army

次就能讓全部人員離機。此外UH-60系列的貨艙地板距地高度也較低，同樣有助於人員進出。經驗證，UH-60可讓經過訓練的部隊，在5秒內完成進、出貨艙動作。

相較下，NH90的設計在這方面便有許多不足之處。首先，如何安置機槍便會成為問題，由於構型需求導致NH90採用可折收的前三點式起落架，須在貨艙尾部兩側設置可容納整組主起落架的整流罩。但這也造成NH90兩側艙門只能採用向前滑動式（向後由於有起落架整流罩的妨礙，故無法採用向後滑動式）（註34），連帶也導致無法在貨艙前段設置機槍（會妨礙艙門向前開啟）。

註34：同時採用單片大型滑動艙門與可折收前三點式起落架的直升機，如EH 101、AS330/332/532美洲獅系列等也都會遇到這問題，如果不採單片向前滑動式側艙門，就只能改為左右開啟的兩片式艙門（如AS532某些衍生型）。要不就是改用更複雜的起落架折收機構，縮小收納起落架需要的整流罩尺寸（如AW139的主起落架便能將機輪旋轉90度、然後平躺收進整流罩），或乾脆改為不可折收（如山貓系列或韓國KUH），如此也能使用向後滑動式艙門。

■ NH90兩側艙門為向前滑動，故無法在貨艙前段設置機槍。但將機槍設在兩側艙門會妨礙到乘員出入(如上圖)，若設在艙後段(下)，又妨礙貨艙尾部艙門使用，其設計存在此一兩難問題。

於是NH90只能考慮在兩側艙門後方的位置來安裝機槍。直接設置在兩側艙門口雖然最為直接了當，但這卻會妨礙乘員利用兩側艙門出入；若像某種NH90戰鬥搜救（CSAR）構型一樣將機槍設在貨艙後段兩側，雖不會妨礙兩側艙門出入，卻會妨礙貨艙尾部裝卸跳板的人員、貨物出入。換言之，NH90機上找不到一個既能保障射界，又完全不會妨礙到艙門利用的機槍安裝位置。

其次是NH90的貨艙雖然擁有多達3個出入用的艙門——同時設有兩側滑動式艙門與機尾艙門，但該機採用縱列兩排座椅佈置，即使是離艙門最近的人也必須踏步、轉身180度才能離開貨艙，其餘位置的人還得魚貫排隊，等前面的人陸續離機，若滿載14名乘員，將至少需要三個輪次以上，才能讓全部人員離機。但如果改採與UH-60系列相近的11或12名乘員配置，而不要滿載14人，那就同樣也能在兩個輪次內讓所有乘客離機（此時可不使用貨艙最前端左右、離艙門最遠的兩個席位，加快進出速度）。

此外NH90的尾部艙門雖然非常寬敞

■ UH-60的機槍設在緊鄰駕駛後方的貨艙最前段，加上艙門為後滑式，完全不妨礙兩側出入口使用。 US Army

■ 法國陸軍NH90與執行機降突擊演練的士兵，若單只利用兩側的機門，其人員的出入速度將遠不如黑鷹直升機。 NHI

（1.78公尺寬、1.58公尺高），可允許兩人同時進出，但兩側滑動式艙門就較窄（1.60公尺寬、1.50公尺高），不像UH-60的艙門那樣方便（NH90兩側艙門的高度較UH-60高13公分，但窄18公分，在進、出貨艙效率上，較寬的艙門要比較高的更有用）。

所以NH90在空中突擊任務上的缺點便是這兩項：一為機槍的設置會影響到艙門使用，二為座椅與艙門佈置會影響搭載兵員離開貨艙的速度，即使同時有3個艙門，但人員出入貨艙的效率仍比UH-60稍遜，特別是在安裝機槍後。

從另一觀點來看，進出直升機貨艙需要的總時間，是由距離艙門最遠的那個位置來決定，距離越遠、則乘坐該位置的乘員需要的移動距離越遠，花的時間也越多。就此點來看，UH-60系列採用的橫列式座位布置較為有利，位於貨艙中11個座位上的乘員，只須橫向移動就能進出貨艙，即使是位於橫排座椅中央、距艙門最遠的位置，也只需移動相當於1個座位的距離就能進出艙門。

相較下，NH90的綜列兩排式座椅佈置就較為不利，坐在座艙最前端左右2個座位上的乘員，必須移動相當於2個座位的距離才能到達艙門，移動距離較遠、出入速度因此也較慢。不過如前所述，若讓NH90採用類似UH-60的11或12人乘客配置，那就可不使用較這兩個較不方便的最前端座位，讓所有人都坐在靠艙門較近的後方12個座位，進出艙門的效率也能有所提高，與UH-60相去不遠。

任務航電系統

良好的人機操作介面可減輕飛行員操作負荷，同時也有利於掌握週遭情況；而完善的任務航電，則有助於協助機組人員在各式不同環境下，高效率的完成任務。

NH90由於設計年代較晚，從一開始便引進全玻璃化的座艙顯示介面，以及以1553數位匯流排為基礎的航電架構，比起1970年代設計、仍採用指針式與條狀儀表，與直接纜線連接航電設備的UH-60先進許多。UH-60系列一直要等到最新一代的UH-60M，才透過引進玻璃化儀表與1553匯流排，在座艙界面與航電架構方面趕上NH90的水準。

除了座艙儀表較UH-60系列多數機型更先進以外，NH90的飛行用任務航電也較一般的UH-60完備許多。如基本型的NH90 TTH不僅通信／導航／識別（CNI）系統型

■ 即使NH90 TTH標準型，就已將前視紅外線與氣象雷達列為標準裝備，比起多數黑鷹直升機「豪華」許多，上圖機鼻前圓筒狀物為紅外線莢艙，下方則是氣象雷達整流罩，下圖為側面機門的電戰設備。 NHI/ML

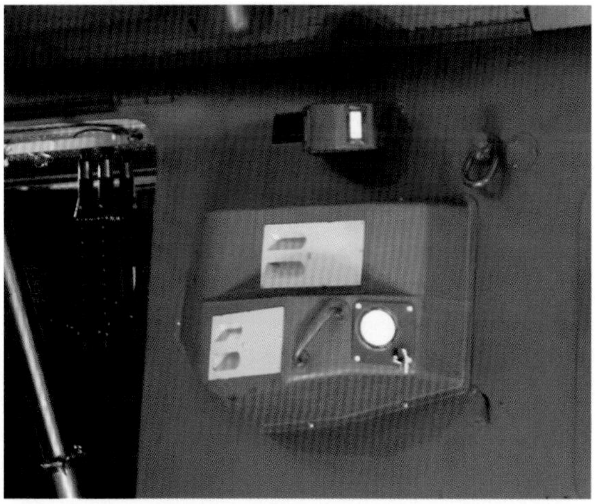

■ 因機隊數量龐大，美軍只在特定單位與任務的黑鷹直升機才裝有較完備的感測與自衛電戰裝備，如戰鬥搜救用的空軍HH-60鋪路鷹。 USAF

式更為新穎，還將氣象／地型測繪雷達，以及駕駛用的前視紅外線（FLIR）列為標準配備，也能選配泰利斯公司（Thales）的Topowl頭盔瞄準與顯示系統。

相對的，美國陸軍基本型UH-60A/L的通信／導航／識別系統就較為陳舊（直到UH-60M才引進GPS／慣性導航），此外在美軍中也只有少數特戰或搜救型黑鷹直升機才會安裝雷達與前視紅外線，一般通用型最多只有駕駛用的夜視鏡而已。

不過機載航電設備的完備程度並非技術問題，主要是與各國對直升機的定位以及經費情況有關。由於UH-60A/L在美國陸軍服役的機隊規模超過上千架，為節省成本，實務上不太可能普遍配發雷達或前視紅外線。雖然這些裝備並不算是什麼特別昂貴複雜的系統，但若全軍上千架機隊普遍配發，將帶來可觀的經費需求與後勤維護負擔，因此美軍只選擇為特種作戰或搜救機型配備這些進階飛行任務裝備。

■ 黑鷹直升機的自衛與電子裝置構型，會因不同使用客戶選裝而有較大差距，如圖中奧地利軍方的機體，便全部裝有機鼻氣象雷達等配備。 Bundeswehr

而歐洲各國的NH90採用量便少了許多，各使用國個別的採購數量不過數十架到上百架，相對為每一架機體增添設備的彈性便增加許多，即使增加雷達、前視紅外線，給總經費帶來的負擔也有限。

生存性的比較

直升機的生存性可分為四個層次：(1)防止被發現；(2)防止被擊中；(3)遭擊中後防止墜毀；(4)墜落時確保機上乘員生存。以下便依這四個層次，分別討論NH90與UH-60的生存性設計。

防止被發現

即減少被偵測系統發現的機率，需針對紅外線、雷達、光學與聲訊四個方面，降低直升機釋放出的訊跡。

在減少雷達訊跡方面，設計較晚的NH90明顯擁有優勢。在UH-60開始設計的1970年代初期，當時航空設計界對雷達匿蹤還沒有多少概念，UH-60自然不會太多考慮這方面問題。而到了NH90的時代，匿蹤已成為軍用飛機設計的基本需求之一，儘管對於通用直升機來說，並不需要達到太高匿蹤性能，但就算只有局部應用，也能帶來不少幫助。

在抑制紅外線訊跡方面，最重要的裝備便是安裝在發動機排氣尾管的紅外線抑制系統，目前美國陸軍的UH-60均已普遍安裝懸停紅外線抑制系統（Hover Infrared Suppressor System, HIRSS），NH90也能選配低紅外線特徵排氣尾管（註35），就

■ 抑制發動機排氣尾管紅外線跡訊，已是現代軍用直升機基本要求，右上圖為黑鷹系列普遍的HIRSS系統特寫，在美軍較新的構型，則改為NH90 TTH類似的向上排氣低紅外線訊跡尾管(上及下)。 US Army/NHI

理論上效果，UH-60的HIRSS系統或許較NH90構造單純的低紅外線特徵排氣尾管更好些。

註35：不過從照片判斷，目前已交機的NH90中只有義大利、澳洲、安曼等國機體，裝有這種低紅外線排氣尾管。

而就光學訊跡來看，NH90與UH-60兩種機型的物理尺寸大致相似，設計上也都考慮降低擋風玻璃反光等問題，雖然NH90體型大一些，但遭肉眼或光學設備發現的機率應該沒有太大差別。

在噪聲方面，兩種機型設計時都曾考慮降低運轉噪音的需求，UH-60A在起飛、降落與平飛時的噪音分別為89、97與96分貝（dB），均低於國際民航組織標準，但與同級機相較並沒有特別突出（起飛噪音比同級的AS330/332、S-61等略低，但平飛時的噪音則高於同級機，降落噪音則大致相等），這方面設計較晚的NH90表現或許較好。

防止被擊中

即被敵方發現後，設法透過電子反制措施降低敵方追蹤、瞄準與命中的機率，也就是利用自衛電戰系統確保不會遭到敵方防空武器的命中。

此處只比較陸軍用NH90 TTH與UH-60兩款通用機型，海軍反潛型如NH90 NFH或SH-60B等，由於兼負海上監視任務，均配備功能涵蓋更完整的電子支援設備（ESM），超出「自衛」電戰的範圍。

NH90 TTH的自衛電戰系統詳細型式，依不同使用國有不同選擇，目前大多數用戶都選擇歐洲航太防務系統（EADS）防衛電子分公司的自衛電戰套件，這套系統功能非常完整，包括雷達警告接收機、雷射照射警告接收機、飛彈接近警告系統，以及干擾絲／熱焰彈灑佈器等，一應俱全。

相較下，由於UH-60A/L在美國陸軍服役的機隊規模龐大，為節省成本，長期以來都只配備最基本的電戰系統，包括雷神公司的APR-39(V)1雷達警告接收器（RWR）、桑德斯ALQ-144紅外線反制系統，以及BAE系統的M-130干擾絲／熱焰彈灑佈器。只有負責特戰任務的MH-60K、HH-60G等少數機型，才會配備更高檔的AVR-2雷射照射偵測器、ALQ-

表18 NH90與UH-60各型自衛電戰系統比較

機型	NH90	UH-60A/L	UH-60M
雷達警告接收機(RWR)	Thales TWE	Raytheon APR-39(V)1	Raytheon APR-39(V)4
		AEL APR-44(V)3	AEL APR-44(V)3
雷射警告接收機(LWR)		—	Raytheon AVR-2B
飛彈發射警告系統(MLS)	EADS AAR-60	—	BAE AAR-57
主動紅外線干擾機	—	Sanders ALQ-144	Sanders ALQ-144(V)4
干擾絲/熱焰彈灑佈器	MBDA Saphir-M	BAE M-130	BAE ALE-47

■ 正在施放熱焰彈的美軍UH-60L。由於UH-60A/L在美國陸軍服役的機隊規模龐大，長期以來都只配備基本電戰自衛措施，到最新一代UH-60M才終於升級到接近NH90水準。US Army

212先進威脅紅外線反制系統（ATIRCM）與AAR-47飛彈警告系統等設備。

雖然陸軍曾在1989年開始的「增強型黑鷹」計畫下，為部份UH-60A/L加裝APR-44(V)3脈衝／連續波接收機，輔助既有的APR-39運作，但仍沒有改變UH-60A/L機隊自衛電戰能力不足的問題，缺乏對於雷射照射，以及紅外線被動導引飛彈的警示能力，難以因應現代戰場上的生存性需求。

這方面的問題一直等到最新型的UH-60M才獲得改進，增設雷神公司AVR-2B(V)增強型雷射警告系統，以及BAE系統的AAR-57通用飛彈警告系統（CMMS），彌補了早先在這兩方面的不足。而老舊的M-130干擾絲／熱焰彈灑佈器，也將被BAE系統新的ALE-47反制灑佈器取代。

遭擊中後防止墜毀

即在結構上採取措施，確保機體一旦遭到擊中，不致造成嚴重後果，可視情況持續飛行或緊急迫降。主要是依靠對重要機載系統採取雙重冗餘備份與分離佈置，以及使機體重要部位具備彈道防護能力等手段來達成。

雖然能對直升機造成傷害的防空武器很多，但依照實戰統計，直升機真正受到大量攻擊的還是地面的5.45公厘、7.62公厘與12.7公厘等小口徑彈藥，且主要是來自前下方與後下方，也就是直升機駛往與駛離時面對敵火的方向。因此直升機防護設計主要是針對中小口徑彈藥，且防護也以下方為主。

■ 如同黑鷹系列將兩具發動機分離佈置(上)，NH90也採取發動機左右分離配置(下)，降低同時遭敵火命中的機會。 US Army/NHI

NH90與UH-60在這方面採用許多類似的設計概念，如冗餘的飛控系統線路配置；兩具發動機彼此遠隔佈置、避免單一命中同時損毀；駕駛的裝甲防護座椅，降低遭殺傷導致機體失控的機率；主旋翼可承受23公厘砲彈命中；主齒輪箱具備30分鐘無潤滑運作能力，潤滑油漏光仍能確保動力系統持續運作30分鐘以上；具抗墜落衝擊功能的自封油箱，遭12.7公厘彈藥命中仍能維持自封等等。

藉由前述設計，能確保機體任何部位遭受7.62公厘彈藥命中不致影響到任務執

■ UH-60是現代直升機抗墜毀性設計的先驅，其機體在遭遇墜落衝擊時仍能確保85%機艙容積完整，避免乘員因機體變形擠壓而傷亡。圖中這架UH-60雖嚴重損毀，但機艙結構仍大致完好。 US Army

行、重要部位遭受23公厘彈藥擊中時，也能確保生存。不過在這些相似設計外，兩種機型由於基本設計的差異，在防護能力上也有兩個關鍵的不同之處。

首先是在飛控系統方面，NH90由於採用線傳飛控系統，省略機械飛控系統的大量連桿、拉桿與纜線等元件，與飛行相關的關鍵元件數量大幅降低，降低整個飛控系統遭敵火命中以及失效的機率，有效減少易損性。

不過塞科斯基為了提高UH-60飛控系統的防護能力，特別把飛控系統的控制纜線先穿過駕駛艙地板，再繞到機艙頂部配置，同時還在貨艙頂部設置可掩護飛控纜線與動力系統的裝甲，也一定程度改善飛控系統的防護力。另外目前正在試飛中的最新改良型UH-60Mu也透過採用線傳飛控系統，達到與NH90相同的簡化元件、降低飛控系統易損性的目的。

其次是在油箱配置方面，NH90採用機腹地板油箱設計，雖然油箱具備防彈自封能力，但由於容積相當大，整個油箱幾乎佔滿3/4機腹面積，被彈機率相對較高；相對的UH-60則是把油箱設在貨艙後方的機身—尾桁結構過渡段中，且容積相較於NH90也小了許多，被彈機率相對低了許多。

墜毀時確保機上乘員生存

生存性設計的最後一環即是抗墜毀能力，假若直升機要害遭到命中，無可避免的將面臨墜毀命運時，需透過各式抗墜落衝擊措施的保護，儘可能確保機上乘員的生存。

抗墜毀設計的第一步是防止失火，必須對燃油系統採取抗墜落衝擊措施，防止燃油洩漏起火；其次是防止機上人員因墜落衝擊導致的機身變形擠壓而受傷，或因人體承受過大衝擊負荷而無法生存，所以機體在遭遇墜落衝擊時必須能確保一定生存空間，結構也須具備緩衝能力。

UH-60系列是直升機抗撞性（crashworthiness）工程應用的先鋒，誕生UH-60的「通用戰術運輸飛機系統」計畫，正是最早應用世界上第一套直升機抗撞規範《USAAMRDL TR 71-22墜毀生存性設計指導》（Crash Survival Design Guide）的直升機開發計畫，後來這套規範經過修訂，成為美軍標準MIL-STD-1290《輕型飛機與旋翼飛行器的抗墜毀性》，而MIL-STD-

■ H90研發時的貨艙抗墜毀模擬測試影像，利用假人乘坐於貨艙段結構上，模擬墜落衝擊的情況。NH90設計時遵循的抗墜毀規範，即是美軍MIL-STD-1290A標準。 NHI

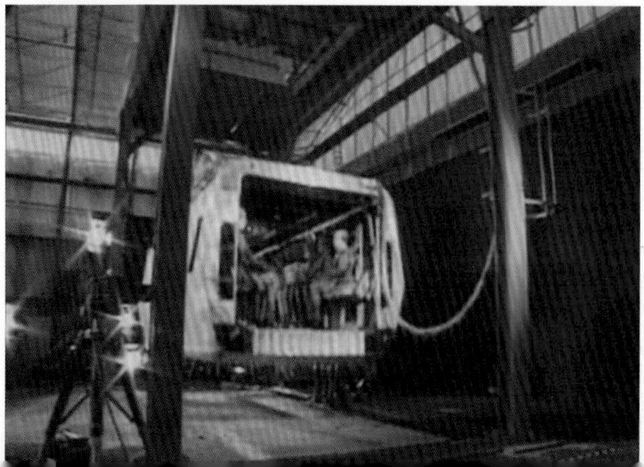

■ 無論陸軍通用型或海軍型的NH90，起落架都具備可吸收較大衝擊力道的緩衝支柱，除了落地時的安全與舒適性，也能在抗墜毀性上發揮一定效用。 NHI

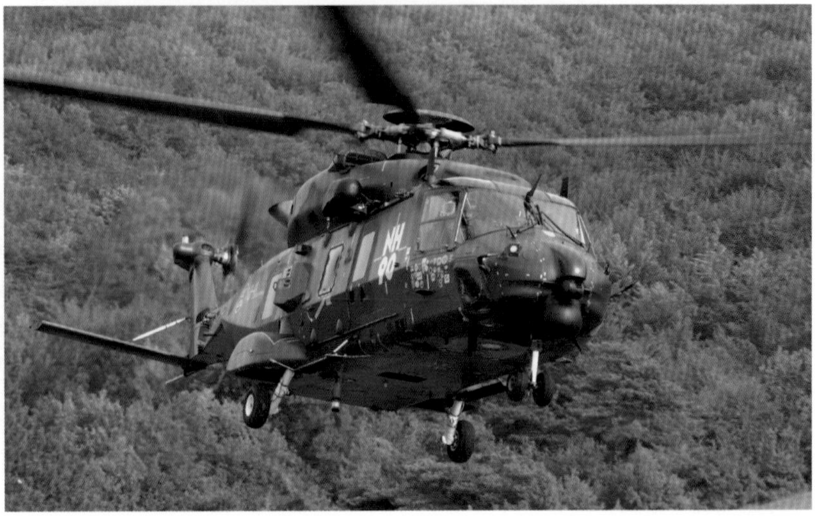

1290修訂版MIL-2STD-1290A，正是NH90的抗墜毀性設計基準，所以NH90的抗墜落性設計可說與UH-60系出同源。

按照MIL-STD-1290，直升機的抗墜毀性包括以下幾方面要求：

(1)直升機結構設計必須具備吸振緩衝措施，使機上人員在遭遇墜落衝擊時，不致承受超出人體容忍極限的衝擊負荷及持續時間。這要求直升機的起落架、駕駛員與乘客座椅提供必要的緩衝、吸收衝擊能量功能。

(2)機體結構在遭遇規定限度的墜落衝擊下，仍能保有足夠的人員生存環境與空間。這要求駕駛艙與貨艙因變形縮小的容積不能超過15%，同時機艙結構還需能在墜落衝擊時，支撐住設於頂部的發動機、主齒輪箱等重型部件，抑制這些大質量部件的衝擊，以免傷害乘員。

(3)為預防墜毀衝擊導致的火災，須儘可能減少燃油箱與供油管路遭受衝擊時的漏洩，並盡量讓燃油可能的溢出區域遠離火源。因此油箱必須具備抗衝擊能力，供油管路也要有自封能力，並具備斷流閥，以在墜落時切斷供油。此外還要避免電纜或其他電氣設備在墜毀時產生火花，降低引燃洩漏燃油的機率。

NH90與UH-60大致上都能符合以上幾項要求。以UH-60為例，其主起落架便能在機體以每秒11.59公尺垂直速度下墜時，吸收絕大多數衝擊能量，且能在每秒10.67公尺以下的下沉速度防止機體觸碰地面。此外機員與乘客座椅均具備抗撞緩衝功能，正、副駕駛座椅底部的兩段式緩衝支架可承受14.5G衝擊負荷；乘客座椅則利用機艙頂部的繞線輪以繩索與座椅背部框架連接，吊接在機艙頂部，可承受的衝擊負荷上限亦為14.5G。

UH-60的機艙主結構則具備承受前向20G、向下20G、側向18G衝擊負荷的能力，在每秒11.59公尺下墜速度，仍能確保85%的機艙空間。油箱則符合MIL-T-27422B規範，可在滿載或標準容量下，承受從19.82公尺高度落下的衝擊而不致發生洩漏。供油管路則採用自封式的彈性軟管製成，透過同樣是自封式的斷流閥（breakaway valve）與油箱連接，供油管路特地設置於機艙頂部，避開在墜機時最容易受到衝擊損害的機身側面與底部。

NH90亦具有類似設計，如駕駛與機組乘員座椅均可承受22G與每秒11公尺下墜速度產生的衝擊負荷，起落架具備高吸能緩衝支柱，油箱則具有抗墜落防洩漏能力，可耐每秒14公尺速度的墜地衝擊。

由於採用相似的設計規範，可認為NH90與UH-60的抗墜毀規格大致是同等

■ NH90的人員運輸型，其貨艙席位設計也追隨現代抗墜毀生存性，採用懸吊式座椅，減少非必要的支架部件(上及下)。 NHI

■ 在VXX美國總統專機競標中擊敗VH-92勝出的US101，該機雖具備三發機的安全性，但其地板油箱在遇襲與迫降時的失火疑慮，卻也一直存在。 Agusta Westland

級，但由於基本構型佈置的差異，兩者間仍有二點關鍵差異——即起落架與油箱佈置的不同。

NH90採用的前三點式起落架與地板油箱構型，對於抗墜毀設計明顯更為不利。首先是前三點式起落架的老問題，鼻輪在遭遇嚴重墜落衝擊時有受壓、穿透駕駛艙地板，以致傷害到機員的疑慮，雖然NH90的鼻輪設計也考慮到緩衝與受撞變形的問題，但發生這種問題的可能性確實較高。相較下，UH-60的後三點式起落架就完全沒有這方面疑慮。

其次，NH90的地板油箱雖具有自封與一定程度的抵抗變形、破裂漏油能力，但在遭遇嚴重的墜落衝擊，當起落架緩衝能力到達上限而導致機體觸地時，位於整個機體最下方的地板油箱顯然將首當其衝，將承受整個機體結構的衝撞，在沉重的機體結構擠壓下，油箱發生變形破裂的疑慮相對較高（註36）。因此在墜落或迫降時，先將地板油箱的餘油緊急洩出，將是確保安全不可或缺的措施（如果來得及這麼做的話）。

註36：2004年VXX美國總統專機競標中，塞科斯基就曾批評競爭對手洛馬與奧古斯塔．威斯特蘭的US101採用地板油箱在迫降時較不安全、遭敵火命中機率也更高。雖然在這項競標中，塞科斯基VH-92最後還是輸給US101，不過也突顯地板油箱安全性的疑慮。

相對的，UH-60的油箱是設置在貨艙後方，該處上方並沒有任何會在墜落衝擊時擠壓到油箱的重物，墜地時油箱發生破裂的可能性相對低了許多。

結論—不同需求的選擇

由前面粗略的比較，可得到以下結論：

NH90與UH-60的基本尺寸與飛行性能大致同級，但NH90有明顯更大的航程與耐航力，貨運承載能力與貨艙裝載效率均更佳，適合以和平時期運輸勤務為主的大多數國家運用；而UH-60則具備明顯更好的空運戰略機動能力，並擁有經過實戰考驗的生存性與抗墜毀能力，針對空中突擊任務的適應性亦更優秀，適合美軍這種有全球部署需求，且須經常在高威脅環境作業的國家。

至於NH90在飛控系統、座艙航電與自衛電戰系統方面的領先，則只是暫時性的，黑鷹直升機最新一代改良型UH-60M與UH-60Mu，在這幾方面都能追上NH90的水準。M

表19 NH-690與UH-60綜合對比

<table>
<tr><th colspan="2">機型</th><th>NH90</th><th>UH-60</th></tr>
<tr><td rowspan="4">基本特性</td><td>尺寸</td><td colspan="2">持平</td></tr>
<tr><td>重量</td><td>略大</td><td></td></tr>
<tr><td>基本飛行性能(1)</td><td colspan="2">持平</td></tr>
<tr><td>航程與耐航力</td><td>明顯較優</td><td></td></tr>
<tr><td rowspan="6">任務能力</td><td>自力部署</td><td colspan="2">持平</td></tr>
<tr><td>空運部署</td><td></td><td>明顯較優</td></tr>
<tr><td>內部貨運能力</td><td>明顯較優</td><td></td></tr>
<tr><td>外部吊掛能力</td><td colspan="2">持平</td></tr>
<tr><td>一般人員運輸</td><td colspan="2">持平</td></tr>
<tr><td>空中突擊運輸</td><td></td><td>較優</td></tr>
<tr><td rowspan="3">航電</td><td>座艙介面</td><td>目前較優(2)</td><td></td></tr>
<tr><td>基本航電</td><td>目前較優(2)</td><td></td></tr>
<tr><td>任務航電</td><td>較優</td><td></td></tr>
<tr><td rowspan="4">生存性</td><td>匿蹤性</td><td>較優(3)</td><td></td></tr>
<tr><td>自衛電戰系統</td><td>目前較優(2)</td><td></td></tr>
<tr><td>彈道防護</td><td colspan="2">持平</td></tr>
<tr><td>抗墜毀性</td><td></td><td>略優</td></tr>
</table>

(1)包括航速、爬升率、升限與懸停高度。
(2)優於舊式的UH-60A/L，但與最新的UH-60M持平。
(3)僅指雷達匿蹤特性。

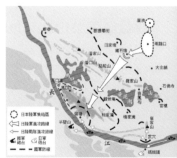

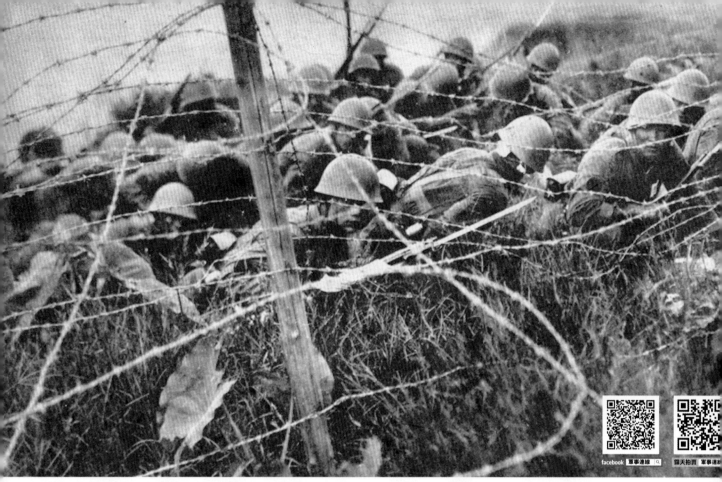

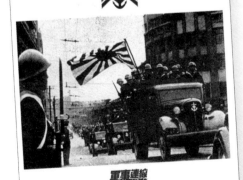

1/72 McDonnell Douglas F-4E Phantom II
66-0364, Egyptian Air Force,
222 Tact Fighter Brigade, 76 Squadron, 1980s
~~定價2500元~~ HA1936
特價2000元

1/72 McDonnell Douglas F/A-18A+
BuNo. 162909, VFC-12 Splinter
~~定價2300元~~ HA3516
特價1840元
注目度100

1/72 McDonnell F-101B Voodoo
80274, 13th FIS, USAF, 1960s
~~定價2300元~~ HA3707
特價1840元

1/72 McDonnell Douglas F/A-18C
VFA-192 "Golden Dragons", CAG,
USS John C. Stennis, US Navy 2011
~~定價2400元~~ HA3518
特價1920元

1/72 Northrop F-5E Tiger II
5206-60476, ROCAF, 1978
~~定價2200元~~ HA3317
特價1880元

1/72 Northrop RF-5E Tigereye
"30085"第八大隊 中華民國空軍1978年
~~定價2150元~~ HA3318
特價1880元

1/72 Lockheed F-16A Netz 107
116th Sqn. "Flying Wing", Israeli Air Force
~~定價2350元~~ HA3817
特價1880元
注目度100

1/72 Lockheed Martin
F-22A Raptor
05-088, 49th WG, Holloman AFB,
New Mexico
~~定價2450元~~ HA2808
特價1960元

1/72 A-10A Thunderbolt II
EL/82-665, 74th TFS, 23rd FW, England AFB, 1989
~~定價2480元~~ HA1316
特價1985元

1/72 McDonnell Douglas
F-4E Phantom II
71-1392, 3rd TFS "Peugeots",
USAF, Clark Air Base,
Philippines, 1988
~~定價2480元~~ HA1935
特價1980元

1/72 North American F-86F Sabre
"The Huff", flown by Lt. Jim Thompson,
39th FIS, K-13 (Suwon AB), South Korea, June 1953
~~定價2100元~~ HA4301
特價1680元

1/72 Lockheed F-16C Fighting Falcon
83-1128, Close Air Support (CAS) VIPERS
~~定價2250元~~ HA3816
特價1800元

1/48 P-47M Thunderbolt
Major George Bostwick, 63rd FS, 56th FG,
8th AF, Boxted, United Kingdom 1945
~~定價2600元~~ HA8403
特價2080元

1/48 P-51D Mustang
"BOOMERANG JR"
flown by Col. Arthur 'Art" Jeffrey,
434th FS, 479th FG, Dec 1944
~~定價2460元~~ HA7723b
特價1970元

A 傳真訂購

☐ **郵局貨到付款（另付郵資95元）**
請勾選所需要的書籍，填妥下列寄送地址，將本單傳真至 (02)7724-1013

全系列模型商品加贈
任一期軍事連線雜誌乙冊
如未指定期數則隨機出貨

收件人姓名：＿＿＿＿＿＿ 聯絡電話：＿＿＿＿＿＿ email：＿＿＿＿＿＿

收件地址：☐☐☐＿＿＿＿＿＿

☐ **匯款訂購（另付郵資110元）**
請勾選所需要的書籍，填妥上方寄送地址與下列匯款資料，將本單傳真至 (02)7724-1013
並匯款至本社賬戶 台北富邦銀行012 南門分行510-102-020411 雅圖創意設計有限公司

收件人姓名：＿＿＿＿＿＿ 聯絡電話：＿＿＿＿＿＿ email：＿＿＿＿＿＿

收件地址：☐☐☐＿＿＿＿＿＿

轉帳日期：＿＿＿＿ 銀行和代號：＿＿＿＿ 帳號末五碼：＿＿＿＿ 轉帳金額：＿＿＿＿

B 上網購買

露天拍賣 搜尋「軍事連線」，提供更多付款與交貨方式！
http://store.ruten.com.tw/k-armour

C 親臨選購

親洽購書地址：台北市愛國東路60號6樓 相關服務詢問電話：(02)7724-1012 傳真(02)7724-1013

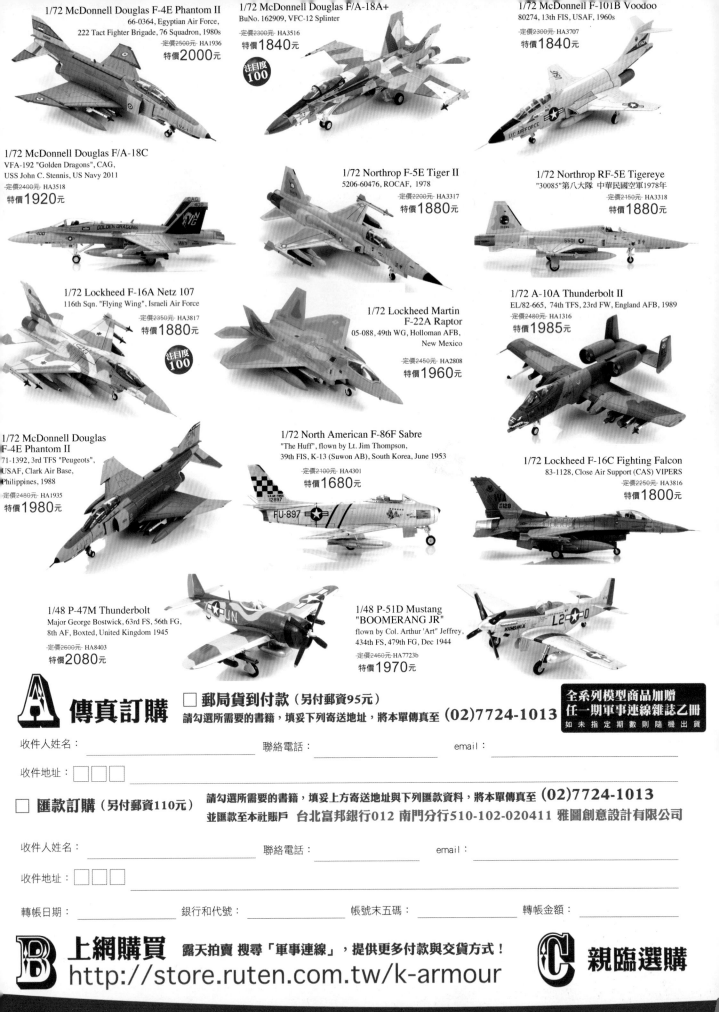

更多細節介紹請至官網 Strategist戰略家 http://www.strategist-toy.com/

原寸大

1/144國軍雲豹步兵戰鬥車
特價980元

1/144 M60A3主力戰車
特價820元

1/144 CM11勇虎主力戰車（三色迷彩）
特價650元

1/144 CM11勇虎主力戰車（軍綠色）
特價650元

1/144德軍88炮（德國灰）
特價1800元

1/144德軍88炮（沙漠黃）
特價1800元

1/144二戰美軍龍式運輸車
（軍綠色） 特價1480元

1/144德軍SS100拖車頭
（沙漠黃）
特價650元

1/144德軍SS100拖車頭
（德國灰）
特價650元

1/144德軍SS100拖車頭
（光影迷彩）
特價650元

1/144二戰美軍龍式運輸車
（紐西蘭戰爭博物館紀念版） 特價1580元

~~定價2500元~~
特價2200元
009-025

1/72 F-14A Tomcat Die Cast Model: VX-4, "Evaluation"

~~定價2500元~~
特價2200元
102001

1/72 MI-171 China Air Force " LH99748"

~~定價2400元~~
特價2000元
007-010

1/72 F/A18E Super Hornet
"VFA-31 Tomcatters" BOMBCAT LTD

~~定價2400元~~
特價2000元 008-012

1/72 F/A-18F Super Hornet
VFA-102

~~定價2200元~~
特價1900元 020008A

1/72 Lockheed P-38J Lightning, USAF, Richard Bong Marge (polished)

~~定價2500元~~
特價2200元
005-022

1/72 F-15A EAGLE 125th
FW Florida Air National Guard

~~定價2400元~~
特價2000元
008-013

1/72 F/A-18F Super Hornet
VFA-41 "BLACK ACES" US NAVY

~~定價2400元~~
特價2000元
029-001

1/72 EA-18G Growler
Shadowhawks Fighter Attack

A 傳真訂購

☐ **郵局貨到付款**（另付郵資130元）

請勾選所需要的書籍，填妥下列寄送地址，將本單傳真至 (02)7724-1013

全系列模型商品加贈
任一期軍事連線雜誌乙Ⅱ
如未指定期數則隨機出

收件人姓名：＿＿＿＿＿＿ 聯絡電話：＿＿＿＿＿＿ email：＿＿＿＿＿＿

收件地址：☐☐☐＿＿＿＿＿＿

☐ **匯款訂購**（另付郵資110元） **請勾選所需要的書籍，填妥上方寄送地址與下列匯款資料，將本單傳真至 (02)7724-1013**

並匯款至本社賬戶 台北富邦銀行012 南門分行510-102-020411 雅圖創意設計有限公司

收件人姓名：＿＿＿＿＿＿ 聯絡電話：＿＿＿＿＿＿ email：＿＿＿＿＿＿

收件地址：☐☐☐＿＿＿＿＿＿

轉帳日期：＿＿＿＿ 銀行和代號：＿＿＿＿ 帳號末五碼：＿＿＿＿ 轉帳金額：＿＿＿＿

B 上網購買

露天拍賣 搜尋「軍事連線」，提供更多付款與交貨方式！

http://store.ruten.com.tw/k-armour

C 親臨選購

親洽購書地址：台北市愛國東路60號6樓 相關服務詢問電話：(02)7724-1012 傳真(02)7724-1013

軍事連線 MOOK 10

黑鷹直升機

Sikorsky Black Hawk Helicopter Family From Birth to Present

發 行 人：謝俊龍
作　　者：張明德
文字編輯：陳維浩
視覺設計：雅圖創意設計有限公司
出　　版：風格司藝術創作坊
發　　行：軍事連線雜誌
地　　址：106 台北市安居街118巷17號
電　　話：02-23640872
傳　　真：02-87320531

國家圖書館出版品預行編目（CIP）資料

黑鷹直升機／張明德著. -- 臺北市：胡桃木文化，
2014.09
面；　公分--（軍事連線）
ISBN 978-986-6874-41-3（平裝）
1.軍用直升機　2.軍事史

598.69　　103014453

國內總經銷：紅螞蟻圖書有限公司
臺北市內湖區舊宗路二段121巷19號
電話：886-2-27953656
傳真：886-2-27954100